Naming Things:
Aesthetics, Philosophy and History in Benedetto Croce

予物以名
克罗齐美学、哲学以及历史思想研究

著 [加]马西莫·韦尔迪基奥(Massimo Verdicchio)

译 史菊鸿

中国社会科学出版社

图字：01-2018-4987号

图书在版编目（CIP）数据

予物以名：克罗齐美学、哲学以及历史思想研究／（加）马西莫·韦尔迪基奥著；史菊鸿译 . —北京：中国社会科学出版社，2020.4
（知识分子图书馆）
书名原文：Naming Things: Aesthetics, Philosophy and History in Benedetto Croce
ISBN 978-7-5203-6025-8

Ⅰ.①予… Ⅱ.①马…②史… Ⅲ.①克罗齐（Croce, Benedetto 1866-1952）—美学思想—研究②克罗齐（Croce, Benedetto 1866-1952）—哲学思想—研究 Ⅳ.①B83-095.46②B546

中国版本图书馆CIP数据核字（2020）第039733号

出 版 人	赵剑英
责任编辑	张　湉
责任校对	姜志菊
责任印制	李寡寡

出　　版	中国社会科学出版社
社　　址	北京鼓楼西大街甲158号
邮　　编	100720
网　　址	http://www.csspw.cn
发 行 部	010-84083685
门 市 部	010-84029450
经　　销	新华书店及其他书店
印　　刷	北京君升印刷有限公司
装　　订	廊坊市广阳区广增装订厂
版　　次	2020年4月第1版
印　　次	2020年4月第1次印刷
开　　本	650×960　1/16
印　　张	10.5
字　　数	137千字
定　　价	58.00元

凡购买中国社会科学出版社图书，如有质量问题请与本社营销中心联系调换
电话：010-84083683
版权所有　侵权必究

《知识分子图书馆》编委会

顾　　问　弗雷德里克·詹姆逊
主　　编　王逢振　J. 希利斯·米勒
编　　委　（按姓氏笔画为序）
　　　　　J. 希利斯·米勒　王　宁　王逢振
　　　　　白　烨　弗雷德里克·詹姆逊　史慕鸿
　　　　　李自修　刘象愚　汪民安　张旭东
　　　　　罗　钢　郭沂纹　章国锋　谢少波

总　序

1986—1987 年，我在厄湾加州大学（UC Irvine）从事博士后研究，先后结识了莫瑞·克里格（Murray Krieger）、J. 希利斯·米勒（J. Hillis Miller）、沃尔夫冈·伊瑟尔（Walfgang Iser）、雅克·德里达（Jacques Derrida）和海登·怀特（Hayden White）；后来应老朋友弗雷德里克·詹姆逊（Fredric Jameson）之邀赴杜克大学参加学术会议，在他的安排下又结识了斯坦利·费什（Stanley Fish）、费兰克·伦屈夏（Frank Lentricchia）和爱德华·赛义德（Edward W. Said）等人。这期间因编选《最新西方文论选》的需要，与杰费里·哈特曼（Geoffrey Hartman）及其他一些学者也有过通信往来。通过与他们交流和阅读他们的作品，我发现这些批评家或理论家各有所长，他们的理论思想和批评建构各有特色，因此便萌发了编译一批当代批评理论家的"自选集"的想法。1988 年 5 月，J. 希利斯·米勒来华参加学术会议，我向他谈了自己的想法和计划。他说"这是一个绝好的计划"，并表示将全力给予支持。考虑到编选的难度以及与某些作者联系的问题，我请他与我合作来完成这项计划。于是我们商定了一个方案：我们先选定十位批评理论家，由我起草一份编译计划，然后由米勒与作者联系，请他们每人自选能够反映其思想发展或基本理论观点的文章约 50 万至 60 万字，由我再从中选出约 25 万至 30 万字的文章，负责组织翻译，在中国出版。但

1989年以后,由于种种原因,这套书的计划被搁置下来。1993年,米勒再次来华,我们商定,不论多么困难,也要将这一翻译项目继续下去(此时又增加了版权问题,米勒担保他可以解决)。作为第一辑,我们当时选定了十位批评理论家:哈罗德·布鲁姆(Harold Bloom)、保罗·德曼(Paul de Man)、德里达、特里·伊格尔顿(Terry Eagleton)、伊瑟尔、费什、詹姆逊、克里格、米勒和赛义德。1995年,中国社会科学出版社决定独家出版这套书,并于1996年签了正式出版合同,大大促进了工作的进展。

为什么要选择这些批评理论家的作品翻译出版呢?首先,他们都是在当代文坛上活跃的批评理论家,在国内外有相当大的影响。保罗·德曼虽已逝世,但其影响仍在,而且其最后一部作品于去年刚刚出版。其次,这些批评理论家分别代表了当代批评理论界的不同流派或不同方面,例如克里格代表芝加哥学派或新形式主义,德里达代表解构主义,费什代表读者反应批评或实用批评,赛义德代表后殖民主义文化研究,德曼代表修辞批评,伊瑟尔代表接受美学,米勒代表美国解构主义,詹姆逊代表美国马克思主义和后现代主义文化研究,伊格尔顿代表英国马克思主义和意识形态研究。当然,这十位批评理论家并不能反映当代思想的全貌。因此,我们正在商定下一批批评家和理论家的名单,打算将这套书长期出版下去,而且,书籍的自选集形式也可能会灵活变通。

从总体上说,这些批评家或理论家的论著都属于"批评理论"(critical theory)范畴。那么什么是批评理论呢?虽然这对专业工作者已不是什么新的概念,但我觉得仍应该略加说明。实际上,批评理论是60年代以来一直在西方流行的一个概念。简单说,它是关于批评的理论。通常所说的批评注重的是文本的具体特征和具体价值,它可能涉及哲学的思考,但仍然不会脱离文本价值的整体观念,包括文学文本的艺术特征和审美价值。而批评理论则不同,它关注的是文本本身的性质,文本与作者的关系,文本与读者的关系以及读者的作用,文本与现实的关系,语言的作用和地位,等等。换句话说,它关注的是批评的形成过程和运作方式,批评本身的特征和价值。由于批评可以涉及多种学科和多种文本,所以批评理论不限于文学,而是一个新的跨学科的领域。它与文学批评和文学理论有这样那样的联系,甚至有某些共同的问题,但它有自己的独立性和自治性。大而化之,可以说批评理论的对象是关于社会文本批评的理论,涉及文学、哲学、历史、人类学、政治学、社会学、建筑学、影视、绘画,等等。

批评理论的产生与社会发展密切相关。二十世纪60年代以来,西方进入了所谓的后期资本主义,又称后工业社会、信息社会、跨国资本主义社会、工业化之后的时期或后现代时期。知识分子在经历了二十世纪60年代的动荡、追求和幻灭之后,对社会采取批判的审视态度。他们发现,社会制度和生产方式以及与之相联系的文学艺术,出现了种种充满矛盾和悖论的现象,例如跨国公司的兴起,大众文化的流行,公民社会的衰微,消费意识的蔓延,信息爆炸,传统断裂,个人主体性的丧失,电脑空间和视觉形象的扩展,等等。面对这种情况,他们充满了焦虑,试图对种种矛盾进行解释。他们重新考察现时与过去或现代时期的关系,力求找到可行的、合理的方案。由于社会的一切运作(如政治、经济、法律、文学艺术等)都离不开话语和话语形成的文本,所以便出现了大量以话语和文本为客体的批评及批评理论。这种批评理论的出现不仅改变了大学文科教育的性质,更重要的是提高了人们的思想意识和辨析问题的能力。正因为如此,批评理论一直在西方盛行不衰。

我们知道,个人的知识涵养如何,可以表现出他的文化水平。同样，一个社会的文化水平如何，可以通过构成它的个人的知识能力来窥知。经济发展和物质条件的改善，并不意味着文化水平会同步提高。个人文化水平的提高，在很大程度上取决于阅读的习惯和质量以及认识问题的能力。阅读习惯也许是现在许多人面临的一个问题。传统的阅读方式固然重要，但若不引入新的阅读方式、改变旧的阅读习惯，恐怕就很难提高阅读的质量。其实，阅读方式也是内容，是认知能力的一个方面。譬如一谈到批评理论，有些人就以传统的批评方式来抵制，说这些理论脱离实际，脱离具体的文学作品。他们认为，批评理论不仅应该提供分析作品的方式方法，而且应该提供分析的具体范例。显然，这是以传统的观念来看待当前的批评理论，或者说将批评理论与通常所说的文学批评或理论混同了起来。其实，批评理论并没有脱离实际，更没有脱离文本；它注重的是社会和文化实际，分析的是社会文本和批评本身的文本。所谓脱离实际或脱离作品只不过是脱离了传统的文学经典文本而已，而且也并非所有的批评理论都是如此，例如詹姆逊那部被认为最难懂的《政治无意识》，就是通过分析福楼拜、普鲁斯特、康拉德、吉辛等作家作品来提出他的批评理论的。因此，我们阅读批评理论时，必须改变传统的阅读习惯，必须将它作为一个新的跨学科的领域来理解其思辨的意义。

要提高认识问题的能力，首先要提高自己的理论修养。这就需要像经济建设那样，采取一种对外开放、吸收先进成果的态度。对于引进批评理论，还应该有一种辩证的认识。因为任何一种文化，若不与其他文化发生联系，就不可能形成自己的存在。正如一个人，若无他人，这个人便不会形成存在；若不将个人置于与其他人的关系当中，就不可能产生自我。同理，若不将一国文化置于与世界其他文化关系之中，也就谈不上该国本身的民族文化。然而，只要与其他文化发生关系，影响就是双向性的；这种关系是一种张力关系，既互相吸引又互相排斥。一切文化的发展，都离不开与其他文化的联系；只有不断吸收外来的新鲜东西，才能不断激发自己的生机。正如近亲结婚一代不如一代，优种杂交产生新的优良品种，世界各国的文化也应该互相引进、互相借鉴。我们无须担忧西方批评理论的种种缺陷及其负面影响，因为我们固有的文化传统，已经变成了无意识的构成，这种内在化了的传统因素，足以形成我们自己的文化身份，在吸收、借鉴外国文化（包括批评理论）中形成自己的立足点。

今天，随着全球化的发展，资本的内在作用或市场经济和资本的运作，正影响着世界经济的秩序和文化的构成。面对这种形势，批评理论越来越多地采取批判姿态，有些甚至带有强烈的政治色彩。因此一些保守的传统主义者抱怨文学研究被降低为政治学和社会科学的一个分支，对文本的分析过于集中于种族、阶级、性别、帝国主义或殖民主义等非美学因素。然而，正是这种批判态度，有助于我们认识晚期资本主义文化的内在逻辑，使我们能够在全球化的形势下，更好地思考自己相应的文化策略。应该说，这也是我们编译这套丛书的目的之一。

在这套丛书的编选翻译过程中，首先要感谢出版社领导对出版的保证；同时要感谢翻译者和出版社编辑们（如白烨、汪民安等）的通力合作；另外更要感谢国内外许多学者的热情鼓励和支持。这些学者们认为，这套丛书必将受到读者的欢迎，因为由作者本人或其代理人选择的有关文章具有权威性，提供原著的译文比介绍性文章更能反映原作的原汁原味，目前国内非常需要这类新的批评理论著作，而由中国社会科学出版社出版无疑会对这套丛书的质量提供可靠的保障。这些鼓励无疑为我们完成丛书带来了巨大力量。我们将力求把一套高价值、高质量的批评理论丛书奉献给读者，同时也期望广大读者及专家学者热情地提出建议和批评，以便我们在以后的编选、翻译和出版中不断改进。

王逢振

1997年10月于北京

序

　　克罗齐于1952年去世之后，意大利的哲学和文学批评领域因为可以终结长期以来由克罗齐独霸美学和文学批评的局面而感到高兴。虽然克罗齐的拥护者极尽所能地为其辩护，但是那些克罗齐反对者们几乎全盘否定他所做的一切。安东尼·普雷特的《与克罗齐保持距离》是意大利国内早期批评克罗齐的代表性著作，望其书名便可得知，此作品借壳符号学以及结构主义等当时大热的批评方法，提出要与克罗齐思想保持一定的批评距离[1]。由于克罗齐当初在北美产生的影响并不大[2]，所以他的辞世在北美并没有引起类似反应。但随着过去十年[3]维科研究热的再次出现，北美大陆还是出现了一些间接批评克罗齐的否定性声音。虽然克罗齐被公认是让维科在全世界声名大噪的功臣，但是那些维科拥护者们发现克罗齐对维科《新科学》所做的分析不大恰当。有人批评他，认为他在《詹巴蒂斯塔·维科的哲学思想》一书中对维科作了误导性的分析[4]，指出克罗齐对维科的批判缺乏依

---

[1] 对此书的详细讨论，请请参阅第一章《回归克罗齐?》

[2] 关于克罗齐在北美的接受状况，请参阅大卫·D. 罗伯茨《克罗齐在美国：影响、误解及冷落》，《人文主义》(*Humanitas*) 第八卷，1995年第2期，第3—34页。

[3] 此书英文版出版于2000年，所以，此处所说的近十年指的是20世纪90年代。——译者注

[4] 可参阅海登·怀特《宏大历史：十九世纪欧洲的历史想象》(约翰霍普金斯大学出版社1973年版) 一书中讨论克罗齐的章节。

据，而且以他自己的哲学替代了维科的思想。当然，克罗齐在北美也有一些拥护者，其中最主要的当属欧内斯托·卡塞塔（Ernesto Caserta）①。最近，M. E. 摩斯（M. E. Mose）将克罗齐的哲学思想又一次推介给了北美读者。摩斯虽然对克罗齐存在赞同倾向，但她对其基本哲学思想的总结相当客观，试图将其哲学思想中的真理与谬误，精髓与糟粕加以甄别②。另外一部值得一提的克罗齐研究作品当属由大卫·D. 罗伯茨撰写的《贝内戴托·克罗齐与历史主义的各种应用》③。除了上述作品之外，意大利或北美的克罗齐研究并无其他进展④。哲学类刊物很少讨论克罗齐的哲学思想，他的美学以及文学批评观点也难得被人提及。

　　造成此局面的原因之一是，无论是克罗齐支持者还是反对者都表现出一个共性，要么将他批得体无完肤，要么凡他所言，字句必挺⑤。这两种做法其实都很难让我们公允评价克罗齐的成就，难以让我们看到他的哲学思想与当下的关联。其实克罗齐自

---

① 可惜的是，卡塞塔的相关著作均为意大利语，尚未翻译为英文。他最优秀的著作是《克罗齐 1882—1921 年期间的文学批评》（*Croce critic letterario* (1882 - 1921)），詹尼尼出版社 1972 年版。

② 参见 M. E. 摩斯《重新认识贝内戴托·克罗齐：其艺术、文学以及历史学理论中的真理与谬误》，新英格兰大学出版社 1987 年版。亦可参见《贝内戴托·克罗齐论文学以及文学批评文集》，纽约：纽约州立大学出版社 1990 年版。此书由摩斯从意大利语翻译为英语，加了批注并作了序。

③ 参见大卫·D. 罗伯茨《贝内戴托·克罗齐以及历史主义的各种应用》，加州大学出版社 1987 年版；亦可参见罗伯茨的另一部著作《唯有历史：形而上之后的重构与极端》，加州大学出版社 1995 年版。

④ 当然，对克罗齐丛书的重印是个例外，丛书由朱赛培·卡拉索（Giuseppe Galasso）编辑。这套丛书是否能够重新引起人们对克罗齐的兴趣尚有待观察。参见朱赛培·卡拉索《克罗齐时代的克罗齐精神》（*Croce e lo spirit del suo tempo*），蒙达多里出版社 1990 年版。此书将克罗齐哲学放置在其历史时代，进行了详细梳理。

⑤ 《意大利文化中的克罗齐回归现象》（*Il ritorno di Croce nalla culture Italiana*）可谓拥护克罗齐思想的代表性著作，书中收录了包括拉法埃洛·弗兰吉尼（Raffaello Franchini）、詹卡洛·卢纳蒂（Giancarlo Lunati）以及富尔维沃·特西托勒（Fulvio Tessitore）几位克罗齐忠实拥护者的文章。对此作品的具体分析参见本书第一章。

己的研究方法已经明确告诉我们，那些将克罗齐思想按照是否过时而进行区分的做法很难让我们深入了解克罗齐，之前的类似研究方法已经证实，此类区分往往含混不清、充满争议①。事实上，任何所谓有效哲学/无效哲学、真理/谬误、隐喻/概念、象征/寓言之类的区分本身具有任意性，这一特性导致了表象迥异然而实质相同的克罗齐评价现状。

对克罗齐的阅读必须要走出那种将其视为或声名显赫或声名狼藉，或与当下直接相关或已完全过气的对立式方法。克罗齐那些貌似清晰明了的著作实际并非如表象所示，他的作品本身时刻在质疑那些有关历史、哲学或美学的任何绝对性言论的有效性。克罗齐试图对历史、哲学或美学所进行的界定是非常复杂的一件事，因为真正的历史、哲学以及美学本身早已参杂了非历史、非哲学以及非美学。对于这些问题，克罗齐所做的是穷其一生对前者和后者进行区分。困难之处在于，虽然克罗齐自称要对其进行区分，但是二者之间的差异是量性而非质性的，因此是几乎不可能区分的。

不过，我们最好把克罗齐所有作品中所作出的这种划界区分的努力理解为予物以名的行为，一种为历史、诗歌和哲学命名的行为，或者克罗齐自己所说的"敢为万物命名"②的行为。目前我们对这些概念模糊不清，不仅因为对历史、哲学和美学进行清晰明了的区分从根本上是不可能的，也因为我们所理解的历史、诗歌和哲学常常并非其真正所是。这种现象下，克罗齐所作的命名行为是势在必行的尝试。

换句话说，克罗齐的著述均具有双重性，一方面，他的历

---

① 具体细节参见本书讨论维科与克罗齐关系的章节。分析可见，所谓真理与谬误，哲学与非哲学的区分仅仅流于表象。
② 克罗齐：《诗歌与文学》（*La Poesia*）第121页。关于"予物以名"的重要性的讨论，参见本书第四章。

史、诗歌以及哲学著作意欲确立这几大彼此相关的学科之间的界限和区别，从而架构严密、科学的哲学体系。而另一方面，他对这几大学科的探索也证明，要在它们之间确立严密、科学的界限是不可能的。可以说，克罗齐的著述自身在不断拆解他自己意欲搭建的概念结构。他的著述不仅明示这种概念化、体系化思想模式的危险性，也暗示我们，我们意识中的历史、诗歌以及哲学与这些名称所辖内容实不相符。所以，从历史、诗歌以及哲学长久发展角度考虑，有必要为其命名，哪怕这种命名只是临时性的。

本书第一章讨论为什么需要回归克罗齐，为什么我们今天仍然需要阅读和研究克罗齐作品。我给出的答案是，我们不应该回归到克罗齐，至少不应该回归到那个我们自以为已经了解并讨厌的克罗齐。第二章讨论作为巴洛克历史学家以及否定历史历史学家的克罗齐。在对一个他本来不愿意加以讨论、想直接略过的世纪深入研究之后，克罗齐为我们树立了何为他所谓的"当代历史"的范例。第三章讨论了克罗齐首次在其1902版发表的《美学》一书中所树立的基本美学理论。人们普遍认为他在此作中表达的美学观点被他后来的美学理论所超越[1]，然而，本章在论述中提出，《美学》不仅确立了他后来的美学思想所赖以依存的根基，而且也确立了他文学批评理论的基本标准。第四章讨论发表于1936年的《诗歌与文学》，这是克罗齐的最后一部美学著作，总结了他毕生对诗歌本质的思考。这也是克罗齐最后一部试

---

[1] 请参阅以下作品：1. 乔万尼·格勒斯（Giovanni Gullace）为《诗歌与文学》（*La Poesia*）一书的英译本 *Poetry and Literature*: *An Introduction to Its Criticism and History*（南伊利诺大学出版社1981年版）所撰写的序言。格勒斯在序言中对克罗齐的美学及其整体思想作了很好的介绍；2. 吉安·N.G. 奥尔西尼（Gian N. G. Orsini）：《贝内戴托·克罗齐：艺术与文学批评哲学家》（*Benedetto Croce. Philosopher of Art and Literary Critic*），南伊利诺大学出版社1961年版。亦可参阅之前已引用过的摩斯以及凯萨尔特之著作。

图区分诗歌与非诗歌的著作,他在此作中将非诗歌纳入文学①范畴。之后的第五、六、七章讨论克罗齐的文学批评,具体来说,是他对但丁、阿里奥斯托、以及皮兰德娄几位作家的作品所做的解读。第五章和第六章不仅是为了展示寓言和反讽这两大克罗齐美学概念的实际应用(但其实,众所周知的是,这两个概念在克罗齐美学中并没有地位),同时也意在再一次强调克罗齐对但丁和阿里奥斯托研究所做出的卓越贡献。第七章试图厘清克罗齐和皮兰德娄之间长期以来的争执以及克罗齐对皮兰德娄所做的严厉批评,我将设法证明,所谓克罗齐对皮兰德娄的批判完全不是出于克罗齐的个人利益考虑。第八章和第九章讨论哲学问题,尤其是克罗齐对维科哲学的阐释。第八章分析克罗齐对维科《新科学》的解读。第九章讨论了克罗齐对维科另外一篇不太出名的、探讨喜剧或反讽与哲学之关系的文章的解读,此部分讨论可以让我们看到克罗齐哲学的命运、及其面临的危险境遇:哲学时刻受到来自隐喻的威胁以及反讽的嘲讽。

为历史、诗歌以及哲学命名的举措反映出克罗齐作品内部的张力,体现在他一方面试图确立这些概念的权威性,另一方面又试图证明其不确定性本质。所以,只有有意识地面对这一张力,我们才有可能受益于他的作品。而要做到这一点,要求我们跨越对克罗齐所著之书、所立之言的固有期盼,愿意接受这些著作中明显的矛盾与冲突。唯有如此,所谓"回归克罗齐"方可产生一定意义和价值,此亦为本书之撰写目标。

---

① 根据我们今天的理解,诗歌与小说、散文、戏剧一样,是文学的不同形式。而在克罗齐的《诗歌与文学》一书中,文学与诗歌是两个基本对立的概念,克罗齐将所有他认为不足以称为诗歌的文学形式都纳入"文学"称谓之中。——译者注

目　录

第一章　回归克罗齐？ …………………………………… (1)

第二章　为历史命名：以巴洛克历史为例 ……………… (16)

第三章　为美学命名 ……………………………………… (39)

第四章　为诗歌命名 ……………………………………… (57)

第五章　寓言：但丁 ……………………………………… (70)

第六章　反讽：阿里奥斯托 ……………………………… (87)

第七章　哲学戏剧：皮兰德娄 …………………………… (106)

第八章　哲学的命运：维科 ……………………………… (123)

第九章　哲学与反讽 ……………………………………… (139)

第一章

回归克罗齐？

据说克罗齐在沉寂很久之后的第一次战后公开讲话是以"Dunque"（"是的"）俩字开始的，仿佛是在继续一次被突然打断的谈话①。在学术界的克罗齐研究沉寂多年之后，一部讨论回归克罗齐的作品可以效仿克罗齐，以同样的方式开篇。对于我们这些在多年的反克罗齐、批评克罗齐氛围之后试图重新介绍克罗齐的人来说，这或许是标明我们回归克罗齐的最好、最合适的方式。

然而，克罗齐可以自然而然地继续自己当年中断的讲话，我们却不能。对我们而言，此延续之举困难重重、问题多多。我们应该回归哪个克罗齐？怎样回归？最关键的问题是，为何要回归克罗齐？这些是此部分将要讨论的话题，虽然我的主要目的是分析横亘在我们回归克罗齐之希望面前的各种困难，但同时也希望以下分析对于回答这些问题能有所启发。

"我们应该回归哪个克罗齐"或许是这几个问题中最不成问题的，因为我们希望回归的当然是我们理解中的那个克罗齐。事实上，拉法埃洛·弗兰基尼、詹卡洛·卢纳蒂以及富尔维

---

① 这是几年前但丁·黛拉·特尔则（Dante Della Terza）给笔者讲的。笔者在克罗齐的所有著作中没有找到这篇演讲，之后也未曾有机会向特尔则进一步了解这次演讲的情况。

奥·特西托勒这三位克罗齐的忠实拥趸就是这么做的。他们在《意大利文化中的克罗齐回归现象》(*Il ritorno di Croce nalla culture Italiana*)① 这部文集中提出要回归到作为绝对历史主义哲学家的克罗齐。对于这些学者而言，我们应该回归哪个克罗齐、怎样回归，以及为什么要这么做的这些问题压根是不存在的。作为克罗齐的信徒，他们认为回归克罗齐是一件被拖延太久了的事情。他们盼望，在多年"排斥克罗齐"(5)之后，我们能够尽快"从简单承认克罗齐进入到恰当应用克罗齐思想及其著作的阶段"(5)。

对他们而言，尤其在弗兰基尼看来，回归克罗齐是绝对性的。这件事绝对不是"恢复"(29)克罗齐的地位，而是承认我们在对待克罗齐方面犯了错误，而眼下终于看到了光明。他们认为，回归克罗齐是"一个人在迷路之后，或者在陷入'各种思想虚假结合'（维科）的深渊之后开始原路返回，时间让其意识到了自己的错误"(29)。在他们看来，克罗齐之所以受人冷落，是因为他没有教授头衔、没有学历而且多年"无所忌讳地进行批判"(13)。所以，他们认为，回归克罗齐是意大利文化在经历了迟到的反省以及认识到自己所犯的错误之后的必然做法：他（意大利）必然要选择原路折回，走向自己最有价值的儿子。特西托勒提出，意大利文化"会周期性地回归克罗齐，因为这是意大利文化实现自我清算、自我平衡、自我规划的方法"(53)。所以，他们认为自己回归克罗齐的做法跟克罗齐当年继续自己被一度中断的讲话一样是自然而然的，这是一个等待已久的时刻，这一刻，一种文化最终恢复了理性，重新走上了通向前途的正确道路。

---

① 此书由米兰鲁斯柯尼出版社于1990年出版。弗兰基尼在书中指出，书中所收录的是1989年在佩斯卡塞罗利召开的同名研讨会上所宣读过的学术论文，本著作中但凡引用自此书内容皆为笔者从意大利语翻译为英语。

另外一部提倡回归克罗齐的作品是 M. E. 摩斯的《重新认识贝内戴托·克罗齐》。摩斯在此作品中应用克罗齐自己所开出的治学之方来阐释克罗齐作品，也就是克罗齐在研究黑格尔时提出的那种众所周知或臭名昭著的方法："对哲学家思想中依然鲜活的和已经僵死的内容要加以区分。"[1] 摩斯提出："我的目的是对克罗齐进行批判研究……借用克罗齐自己的话来说，要对他哲学思想中'鲜活'的部分和应该加以摒弃的部分进行区分，对于那些从他所谓的历史知识就是自我知识的信条中所衍生的理想主义，我们最好还是摒弃。"[2] 摩斯不接受克罗齐哲学中的理想主义认识论基础，认为其"不可行"，但却认可他提出的"谬误的范畴式概念"，认为这种提法"对现代哲学思想贡献不菲"（ix）。摩斯的著作并没有突出克罗齐作为历史学家、哲学美学家或者文学批评家的其中任何一种身份，相反，她选择以"真理和谬误"这样一个概念式主题来切入克罗齐"庞杂如林"（xi）的著作。所以，摩斯对克罗齐的"重新认识"（xi）其实是采纳了克罗齐自己将过往哲学加以修订并为我所用的方法。

每个人希望回归的那个克罗齐各自不同，但似乎没有人想回归作为美学哲学家以及文学批评家的克罗齐。除了那些被穆塞塔（Muscetta）称作"低水平的克罗齐拥趸"或"贝内戴托党"（133）之外，没有人对克罗齐的文学批评思想真正感兴趣。对于那个作为艺术哲学家以及文学批评家的克罗齐，不但没有人提出要回归，反倒经常有人说要"与克罗齐保持距离"。青年文学

---

[1] 这种区别对待的方法可以说是克罗齐整体的哲学批判方法，克罗齐在《对黑格尔哲学中的依然鲜活和已经僵死内容加以区分》（"Ciò che è vivo e Ciò che è morto della filosofia di Hegel"）一文中第一次明确提出这一观点，此文现收录于《黑格尔评论》（*Saggio sullo Hegel*），拉泰尔扎出版社 1967 年版。

[2] M. E. 摩斯：《序言》，《重新认识贝内戴托·克罗齐：其艺术、文学以及历史学理论中的真理与谬误》，新英格兰大学出版社 1987 年版，第 9 页。下文凡引自此著作的引用都会在文内直接标明。

批评者安东尼·普雷特的一部著作就以《与克罗齐保持距离》为书名，提出要在与克罗齐所保持的距离中寻找作者自己的批评空间或"阐释空间"①（13）。

如果要在普雷特的这些文章中理出一个共同主题，那就是试图摈弃将我们这一代人囿于其中的某种文化遗产，或者至少是对其加以讨论。比方说，*理想主义*（原文为斜体）作为一种体系或理论，曾经一度自成气候，甚至发展成为一种伦理规范，将我们禁锢于其中，难以接触到各种否定价值观。对于一个成长中的年轻批评家而言，将自己从已经过时的传统模式中解放出来、找到自己的批评声音应该是顶级强烈的愿望了。

普雷特所谓的与克罗齐保持距离意味着摈弃陈旧的美学原则，转向结构主义以及符号学等当时流行的先锋派诗学。但是普雷特批评克罗齐美学和文学批评思想并非因为他认为这些思想具有教条主义倾向，而是因为他认为它们源于克罗齐的"个人态度"②，过于狭隘，难以理解强调文学之"综合性"以及异质性的先锋派观点③。与罗兰·巴特相呼应，普雷特提出，应该以一种尊重艺术自治性并重构其象征结构的批评方法来"让文学批评对象成为一部文学作品"④（74）。这种批评方法是"对文学作品之隐喻的延续，是对作品的迂回挖掘，而非直接转述。是用自己的语言来重新生产作品的象征环境。"（76）

在普雷特看来，与克罗齐保持距离意味着与一种固化了的权

---

① 安东尼·普雷特：《与克罗齐保持距离》，西卢克出版社1970年版。所有引用自此作的内容都会在文内标明。所引内容均为笔者自己从意大利文译为英文。

② 普雷特接受马里奥·阿波罗尼奥的观点，认为克罗齐的美学原理并非"教条或方法"，而是"态度和原则"（69）。参见阿波罗尼奥《当代文学》，教育出版社，第389页。

③ 普雷特引用巴瑞里的话来表达这一观点："我们这个时代倾向于珍惜高度自治的文学作品，但也必须是作品经得住最严苛、最复杂的异质元素的挑战（23）。"

④ 原文为法语：render l'oeuvre a la literature.——译者注

威体系保持距离，该体系对抽象美学的维护掩盖了作品的象征维度，从而扼杀了通过参与式批评来展现作品原本的历史和心理预设的可能性，或者，借用普雷特所引用的巴特的语言来说，阻止了复原作品的"心理历程或心理积淀"（74）①。于是，与克罗齐保持距离变成了保护作品的象征本质免受仅停留在"文字的透明性"（74）层面的克罗齐美学之蒙蔽的方法。

此刻，让我们将之前提出的问题重申一遍：我们应该回归哪个克罗齐？我们要不要忽视普雷特的批评，回归陈旧的克罗齐美学？克罗齐美学以及他的批评"态度"对于今天的我们有没有意义？或者，我们想不想像弗兰基尼、卢纳蒂和特西托勒那样承认我们错了，然后回归到他们心目中那个完美的克罗齐？或者像摩斯那样，只接纳与我们当下生活相关的克罗齐思想，摈弃其他内容？解决这一问题的办法之一还是效仿克罗齐，他当年在回答要不要回归桑克蒂斯②时，以他惯有的先见性预知并回答了这一问题："如果约五十年之后，意大利在哲学、美学和批评学领域出现一个我的继承者，当他打算对我的思想加以修订或延续时，我可以肯定，《文学报》（*Giornale Storico*）的那些撰稿人（这段话是针对这些撰稿人写的，他们攻击克罗齐，提倡回归桑克蒂斯）的衣钵继承者们（这些人定会有大量后继者，因为他们的风格易于繁殖，自然也对他们仁慈）定会出来阻止他，坚持提出'我们必须得回归克罗齐'。而躺在冰冷的大理石棺材中的克罗齐本人则定当会表扬他的继承者，鼓励他千万不要走回头路，而要带着良好的判断力向前迈进。"③ 克罗齐本人关于如何对待

---

① 原文为法语：（a）l'histoire ou les bas-fonds de la psyche——译者注

② Francesco De Sanctis（1817—1883）：十九世纪意大利著名文学批评家，意大利语言及文学研究者。——译者注

③ 引自《克罗齐作品选编》（*Pagine Sparse*），第3卷，第272—273页。引文由笔者从意大利文译为英文。

自己文化遗产的建议似乎有悖于他的拥趸们。这些"贝内戴托党"们如同当年叛逆的小学生后来终于意识到老师的正确性,便打算将其原封不动地完全复原。然而这恰恰是克罗齐所不希望发生的,他不希望任何人在传播他的思想时将其当作承载着绝对真理、可以不加调整地代代相传的哲学。

事实上,克罗齐的此番劝告与他毕生思想及著作是一致的,他本人对自己所得结论从不满意,不停修订,也从不惧怕承认错误。他在世时常常说:"昨日之错误是为了今日矫正明日之真理。"① 他的毕生写作过程都在践行这一原则。他撰写《诗歌与文学》就是为了纠正他在 1902 版出版的《美学》中对邓南哲和曼佐尼的评判。毫无疑问,对于那种彻底回归到克罗齐的艺术或历史哲学或其他思想的主张,克罗齐将会持反对态度。

我们不可能像突然觉醒的犯错者一样把曾经的克罗齐完全复原。那样做不仅有悖克罗齐本人意愿,同时也是无效之举。如果真的像普雷特所警示:克罗齐的美学和文学批评观点在今天已毫无用处,那么我们就面临一个困境,也就是说我们只能接受克罗齐哲学的一部分内容,不能接受另一部分,而这"另一部分"恰好是构成克罗齐《精神哲学》之基石的美学思想,因为,众所周知,美学在克罗齐哲学中占据核心地位。对克罗齐而言,任何一个概念无法独立于其美学表达或语言表达而存在。他认为我们可以在不具备概念知识的情况下拥有美学直觉,但不具备美学直觉却不可能具备概念知识②。由此可以推断,如果我们没有掌握克罗齐的美学概念,那么我们就不可能真正理解其哲学思想或

---

① 此番话是他在接受路易吉·安布罗西尼采访时所说,采访被整理后以《克罗齐谈自我及文学世界》("Discorrendo di se stesso e del mondo letterario")的题名发表于 1908 年 10 月 11 日的《玛佐柯》(*Marzocco*),第 274 页。现收录于《克罗齐作品选编》第一卷,拉泰尔扎出版社 1960 年版,第 273—283 页。

② 参见 1902 版《美学》,尤其是第三章《论艺术与哲学》。

历史学概念。但是此处并不适合对克罗齐的美学著作进行重读或者深入分析他对当今艺术哲学和文学批评所做出的贡献。那种分析将会过于冗长，也会把我们从主要议题带偏。就阐明回归哪个克罗齐以及克罗齐之重要性这一任务而言，我们只要对普雷特所赖以反对克罗齐的理由以及他对克罗齐所做的批评加以仔细研读，便可达到目的。

普雷特对克罗齐美学及文学批评思想的批评并非基于对其全部作品的仔细研读。他的论点是，因为克罗齐的作品是传统的、资本主义品位的，所以应当让路于更加先进的先锋派诗学；而罗兰·巴特能给人指出一条走出克罗齐美学困境的路，自然应当替代克罗齐成为新美学的代表人物。普雷特认为巴特和克罗齐之间的最大区别在于前者提倡回归象征，而后者提倡停留在"透明的文字"层面。

作为巴特的追随者，普雷特认为今天的文学理论和文学批评所面临的风险是我们可能会"错过象征"（76），这种情况不仅当我们否定作品的象征现实时会发生，当我们试图用社会学或心理分析类的科学术语分析作品时也会发生。批评必须是通过迂回挖掘来延续艺术作品的隐喻，而不是以克罗齐模式对其直接转述，必须是"用自己的语言来重新生产作品的象征环境"（76）。批评家必须介入作品的象征现实，用自己的语言去对抗作品语言，用自己的真理去对抗语言的真理。这是新批评时时刻刻发出的挑战。

普雷特认为克罗齐美学和批评学并不具备这种挑战性。他认为克罗齐的那一套方法淡化了作品的象征意义，过分拘泥于作品字面意义，从而削弱了作品的厚重度。不过，通过他那种非此即彼（诗性/非诗性）的方法将作品的阐释空间进行限定之后，作品倒是变得很适合资产阶级的消费品味。普雷特认为这种限定艺术作品的方式反映了典型的资产阶级思维方式，而他这样的新批评家必须要跟这种思维方式保持距离："因此，与克罗齐保持距离也就是与资产阶级安保意识保持距离，批评学往往会以此意识去体验文艺作品所承载的真理。"（77）

普雷特认为克罗齐的批评方法不是象征美学，这一评判是正确的。但是并不能由此说明克罗齐的艺术观是与巴特对立的，或者说巴特对传统批评学所做的批判就适用于批判克罗齐。同样地，虽然巴特强调文艺作品的象征之维，认为象征的丰富多样性值得细细梳理，但这并不意味着巴特一定赞同艺术就是象征的概念。恰恰相反的是，巴特为批评学指出新方向的依据是他的符号美学。巴特毕竟是最早倡导符号学的理论家之一，他提倡将符号科学作为文学研究的一种方法。

普雷特批评克罗齐美学物化了艺术的意义和纯洁性，但这一点恰好是象征美学的特征。只有当我们把艺术看作一个象征时，我们才在用抽象而纯洁的形式思考艺术，同时也在根据模仿或类比模式来想象艺术，普雷特错误地认为克罗齐美学属于这种模式。虽然普雷特批评克罗齐时赖以依据的是巴特对传统美学所做的批判，但巴特的批评其实更加适用于雷蒙德·皮卡德那样的美学家，他的批评其实本来就是针对皮卡德的[1]。其实，正如普雷特的阐释所显示，克罗齐和巴特之间的主要差异在于风格而非根本性的美学概念，他们两人都会否认将艺术等同于象征的概念。

尽管两人之间存在差异，但克罗齐和巴特持有共同的理论观点，他们对美学本质的看法是相同的。如果我们接受这一前提，那我们就会发现，所谓先进的巴特美学和陈旧的克罗齐美学之间的距离并非实质性的，而仅仅是时间性的风格差异，并不能对克罗齐的表征模式产生实质性打击。普雷特眼中完全对立于克罗齐

---

[1] 这里所说的是巴特和皮卡德之间那场闻名遐迩的争执，巴特因此而一夜爆红。参见普雷特《与克罗齐保持距离》，第74页，第27条注释。在某种程度上说，普雷特批评克罗齐时也期望产生同样效应。

保守立场的各种先锋派运动或许因为能够提供更加宽广的阐释空间而将被人青睐，但我们绝不能因此认定它们比克罗齐美学具有概念先进性。真实情况或许恰好相反。

为了详细解读普雷特声称的那种更加先进和自由的批评方法，我接下来要讨论他在《与克罗齐保持距离》一书中所提供的两篇具体文本批评文章之其中一篇，此文出现在"文本研究"部分①，研究对象是《炼狱》第 79—108 页、第 11 章《奥德里西·达·古比奥 普罗文扎诺·萨尔瓦尼》。我选择这篇不仅因为它能够很好地说明普雷特的"新"批评方法，也因为奥德里西在此部分的演讲恰好也是动态超越前辈的极好例证，估计这也是普雷特"无意识"地选择这一诗章作为其评论对象的原因吧。

普雷特在此文章中并未明确提及克罗齐，却多次引用桑克蒂斯。在他之前发表的《桑克蒂斯与克罗齐以及历史主义的含混性》("De Sanctis-Croce e le ambiguita dello storicismo")一文中，他明确将桑克蒂斯的批评理论排位于克罗齐之先。但事实上，克罗齐自己在分析《神曲》的《炼狱》篇时对奥德里西篇章其实只做了简单介绍，并未深入分析②。众所周知，这一章的故事发生在炼狱第一层因骄傲而负罪的罪犯当中。首先出场的人物是翁贝尔托·阿尔多布兰德斯科，之后是奥德里西·达·古比奥③。我们对这一诗章的传统关注点是奥德里西的演讲，他的那些言论之所以广为人知，不仅是它们将一切艺术成就贬为浮华虚夸，也因为但丁在其中被当作一个远比吉尼泽利（Guinizelli）④以及卡

---

① 另外一篇文章的研究对象是《十日谈》。
② 参见《论但丁诗歌》(*La Poesia di Dante*)，拉泰尔扎出版社 1966 年版，第 115—117 页。
③ 奥德里西·达·古比奥（Oderisi da Gubbio）(1240—1299)：意大利"光照派"画家，书稿插画家。——译者注
④ 加尔多·吉尼泽利（Guido Guinizelli）(1230—1276)：意大利诗人，"新甜美风格"（Dolce Stil Novo）诗体的奠基诗人。——译者注

瓦尔坎特（Cavalcante）[①] 伟大的诗人。善恶之分以及三种恶的三重区分等传统的结构性细节在普雷特的论述中并未提及。普雷特要与这些传统的但丁批评保持距离，从而可以在错综复杂的批评之林中开辟出"一条通往阐释的自由之路"（242）。这种绕开传统但丁批评方法的做法很容易让人联想到克罗齐在《论但丁诗歌》中所提出的区别对待诗歌结构和诗歌本身的观点，普雷特的做法极有可能也是受到了克罗齐的影响，而他对此却只字不提。

普雷特所具体讨论的只是这一诗章中他自己认为具有挑战性的那些诗行，他的聚焦点是那些论述艺术的本质以及艺术的价值如何随时间而提升的部分。他引用《炼狱》第十一章的第79—81行[②]："我对他说道：'啊，难道你不是让古比奥（Cubbio）以及巴黎的'光照派'艺术引以为荣的奥德里西吗？'"并提出，光照派弗朗哥·波龙亚（Franco Bolognese）的作品比奥德里西的价值更高，乔托（Giotto）的画比契马布埃（Cimabue）的价值更高，卡瓦尔坎特的诗歌比吉尼泽利的伟大，而但丁则比他们两人更加伟大。

普雷特的问题首先在于，他在界定这部作品时将作品的时间性与其作者（奥德里西）、作者所隶属的共同体（古比奥）及其艺术风格（光照派）割裂了。在他看来，作品的内在关系并不仅仅局限于作品结构内部，而是向外延展到心理学、社会学以及语言学层面（243）。此外，这个外在于文学的俗世结构还承载着道德意义（引以为荣），其重要性也会随究竟将其应用到某一特定作家的作品（奥德里西）、光照派作品，或者所有艺术作品

[①] 加尔多·卡瓦尔坎特 Guido Cavalcante（1255—1300）：意大利"新甜美风格"诗人，但丁的朋友。——译者注

[②] 此处以及其他地方引自《炼狱》的内容均引自查尔斯·辛格尔顿（Charles Singleton）翻译并编辑的《炼狱——文本及评论》，普林斯顿大学出版社1973年版。

而有所不同。

　　根据雷普特的解释，由于时间会促使价值增长，所以奥德里西的艺术被弗朗哥·波龙亚继承之后价值升高了。真正腐朽掉价了的只是某件具体的文艺作品以及艺术家和它的关系。普雷特由此认为《炼狱》中的艺术家奥德里西也因此改变了其固有观点，承认弗朗哥·波龙亚所继承的他比他自己伟大，而嫉妒、自大以及竞争意识等心理也都随之被抑制了。普雷特因此区分了两个概念：随着时间而增值的艺术本身以及随着时间而贬值的某一件具体艺术品。

　　显然，普雷特是根据黑格尔对艺术的理想时间和真实时间的区分来解释艺术的不朽价值及其有限性之间不可调和的矛盾这一方法来解释艺术家在坚持自己的艺术重要性的同时自知其有限性而导致的"思想摇摆"。黑格尔认为，通过赋予客观物体其所不具备的一种价值，艺术提升了客观物体，同时，通过将短暂的物体变得永恒，艺术否定了客观物体的有限性。一方面，通过保护艺术对象免受变化与腐朽，艺术否定了有限性，而另一方面，由于艺术本身存在有限性，艺术最终也得面对同样的命运，艺术"否定时间的同时又被时间所否定"（247）。用普雷特的话来说，"由于其象征性特征，艺术作品可以克服时间，而其客观性特征又使其被时间所克服。或者，从理论层面来说，时间在艺术作品中显现。"（247）

　　普雷特接下来根据海德格尔在《艺术作品的本源》中所阐述的观点来讨论"作为物体的艺术品"与"作为真理的艺术品"之间的关系这个最棘手的问题，并总结道，"真理的历史性结果存在于艺术作品中"[1]。

---

　　[1]　原文为意大利语："nell' opera è in opera il farsi evento storico della verità"。普雷特对《艺术作品的本源》的引用源自意大利语版的《林中路》，意大利拉努瓦出版社1968年版，第26页。

普雷特认为，奥德里西所发表的如何让艺术价值持续的观点很好地诠释了这一延续过程。此过程并非取决于艺术作品的内在价值，更大程度上是由作品与作品被世俗化的时间之间的关系来决定的。后来的作品横空出世之后所打破的也正是这一关系，这个新老作品互相接替或接替失败的过程构成了我们所谓的艺术史。而在这部"外在的"艺术史背后还有一部与"荣誉"或"光荣"无关，而是围绕着"从延续中分离的体验"（248）而发展的历史。每一位艺术家与他的作品既是分离的又是一体的。同样地，每一部艺术作品和它的延续过程也是分离的，此过程的体验者是作品的"意义"，或者是艺术作品独特新颖的内在价值。作品的时间战胜了外在时间的流动，但艺术家同时也意识到，这种胜利只是一种幻觉，因为时间不仅仅会摧毁作品的世俗成分，而且还会否定作品获取意义、得以延续以及在场的自然倾向，最终令作品腐朽。这正是作品的戏剧性。

普雷特认为，奥德里西的演讲所表达的就是艺术作品与时间之间的这种根本性矛盾，演讲直截了当地强调了各种人为努力的徒劳和无意义。换句话说，这个演讲宣告了在"他性时间"（250）中的"艺术之死"。在"他性时间"里，死亡的不仅仅是所谓的艺术之真理，还有艺术的延续性、开创性以及独特性。艺术作品的时间虽然存在于尘世时间之中，但是艺术时间中会出现"他性时间"，即两种时间性之间的矛盾意识。只有"多方位多层次对作品的阐释"会使"他性时间"显现，因为艺术作品的时间可以在阐释作品的时间中得以"继续"。

以上就是普雷特对《炼狱》第十一章所做的解读，也是他所谓的迂回批评法的示范。他认为，有一种特权时间超越了作品的表象历史以及对其所做的传统解读——超越了有犯错可能的人性"弱点"且掌握了真实知识的"他性时间"便是一种特权时间。而通过识别出此类"真实知识"，他所做的迂回阐释生产并延长了这种特权时间。

然而，普雷特对时间概念的分析令人怀疑，他的分析只不过是建立在内外二分法之上的一种阐释性评价。他的"外"便是艺术的"僵死"时间，包括奥德里西在其演讲中对艺术的各种"世俗元素"所做的批评，以及一些老生常谈的艺术观。而他所谈论的"他性时间"则是海德格尔所说的"真理的历史性结果"，这里是真理的真正属地，既跟由新批评所肯定的艺术"内在性"相关，又跟普雷特新批评的特色相关。而在普雷特看来，正是这些特色使得他的新批评比前辈们的评论更加正宗。

普雷特对《炼狱》第十一章的解读其实只是对该作品的"象征"结构部分地进行了复制和延续。他认为艺术家是独立于艺术作品的，因此可以洞悉作品内在时间和外在时间之间的固有矛盾。而这一观点恰恰忽视了有关艺术本身的主要议题。因此，他提出的艺术进步论具有很大误导性，这一提法会让人以为艺术必定会随着时间的前进而进步，新的作品必定比以往的更加优秀。

普雷特对《炼狱》这段话的误读其实是很有意思的，因为他的这段评论不仅仅是为了向人们示范他的所谓先进的（与克罗齐相比较）批评方法，同时也是为了力证无论是艺术创作还是批评领域古人必定会被后来者超越的这一观点。而事实上，他所引用的《炼狱》中的那几行诗想要告诉我们的是，弗朗哥·波龙亚、乔托、卡瓦尔坎特以及吉尼泽利在此被提及的根本原因是他们几个都犯有骄傲自大罪，一旦当他们意识到有一位比他们伟大的人物已经降临现场，为他们准备好的惩罚便会立刻被执行。更加具体一些：对卡瓦尔坎特和吉尼泽利来说，一旦他们明白但丁是比他们更加伟大的诗人，对他们的惩罚其实已经完成。

这就意味着，虽然波龙亚、乔托和但丁的确是更高艺术成就的象征，但是他们之所以伟大并不是因为他们晚于奥德里西、契马布埃、卡瓦尔坎特以及吉尼泽利而出现，而是因为当他们被和前人加以比较时，会令前人的自大倍显愚蠢。虽然波龙亚、乔托和但丁的伟大可以通过与前人的比较而凸显出来，他们的伟大却绝非因为他们晚于前人而出现，而是因为他们的确是更加优秀、更加伟大的艺术家。但丁并没有提及究竟什么成就了他们的伟大，但是，但丁自己承认了自己的自大和谦卑，相比之下，奥德里西却是被迫承认自己犯有自大罪。这正是但丁的伟大之处。克罗齐的做法类似于但丁，他反对我们将其作品奉为圭臬。他希望批评家们关注他的作品，但也希望批评家们在必要时对其进行校正，由此来对其发扬光大。

如果我们现在转向这一章的主题："为什么要回归克罗齐以及如何回归？"，情况应该比较清楚了。当代的文学批评难以承受忽视克罗齐、重复过去的错误的代价。先锋派运动并不比它所唾弃的传统批评具有质的先进性。先锋派概念本身建立在一个错觉之上，以为越现代便越先进。其实，我们可向克罗齐学习的远比一般人所想的要多。克罗齐的作品是他毕生对美学、历史和哲学的本质所做的深入思考，我们没法轻易对其进行否定。盲目自大行为的代价就是误将倒退的行为当作前进，而这恰好是克罗齐想让我们明白的问题，也是我们为什么要回归克罗齐的原因。接下来我们要解决的是如何回归克罗齐的问题。

正如克罗齐所示，我们没法回归到曾经的克罗齐或者我们认识中的那个克罗齐。只有当我们想办法避开以往解读克罗齐美学和文学批评时所设的各种陷阱，我们才有可能回归克罗齐。只有超越那些陈腐的批评，我们才可以发现一个全新的克罗齐。只有这样，回归克罗齐方可具备一定意义。

我们应当以克罗齐从未离开过我们、一直和我们在一起的态度去回归他。仿佛他这么多年只是被"埋葬"在各种误读他的故纸堆下，其中既有为达到自己的目的而对他所做的刻意批评，也有一心拥护克罗齐、希望人们全盘接受他的思想而所做的误读。这些做法虽然我们可以理解，但的确缺乏远见。因此，不要将克罗齐放在人们误以为更加先进的各种现代主义流派的对立面就显得非常重要。我们必须得明白，为了真正回归克罗齐，我们需要纠正一个当下流行但不能再用的词，我们不能再自称"克罗齐党"了。是的。

第二章

为历史命名：以巴洛克历史为例

克罗齐在《意大利巴洛克历史》一书的附录部分明确提出，他对待巴洛克的态度和他的同时代人截然不同。虽然他的同时代人希望重新恢复巴洛克概念，而他却属于要让巴洛克"负面意义"凸显的那一类人[1]。他反对恢复巴洛克概念的理由基于三点：一、在其所谓"理想的艺术内容"层面；二、在其所谓"艺术史"层面；三、在其所谓"道德或精神内容"（501）层面。

克罗齐反对将巴洛克推崇为一种理想的艺术内容的原因在于，他不认为巴洛克是一种独特风格。他认为，类似于"巴洛克"的其他各种名称划分，比如古典派、稚拙派、感伤派以及浪漫派等都是错误的，因为艺术从来都是一个不可分割的整体。克罗齐只会在一种条件下接受对巴洛克的正面评价，那就是，如果冠以巴洛克之名之后可以拯救一些伟大的艺术作品，使其免受批评。但他也警告大家千万不要被这种潮流挟裹着走向另一种极端：误以为任何一种巴洛克形式都是艺术。他讲了这样一件事，他曾经参观一座巴洛克风格的修道院时，他的同行者对此风格非

---

[1] 参见贝内戴托·克罗齐《意大利巴洛克历史》（*Storia dell'Eta Barocca in Italia*），拉泰尔扎出版社 1957 年版，第 501 页。

常迷恋，连修道院中的一口井都大加赞赏。而当有人指出那口井其实很难看之后，大家都开始意识到了自己的错误，"仿佛一道迷雾散去，他们瞬间看到的又全是那口井的丑陋之处"（503）。克罗齐的巴洛克研究也旨在此意，将巴洛克的丑陋本质展示给大众。

克罗齐反对将巴洛克界定为一个艺术史时期，他尤其反对将巴洛克描述为一种风格。在克罗齐看来，巴洛克绝非一种风格，而是"反风格"或"无风格"（503）的，是一种"实用的或物质性的事实"（503）而已，永远难以转变为艺术。在克罗齐看来，巴洛克的实用性体现在对"华丽"或"超常"的推崇，这些品质与真正的艺术作品毫无关系，真正的艺术作品只关注艺术自身，而非实际性。真正的艺术从来不会受所谓"华丽"或"超常"等品质影响，相反地，艺术会改变这些品质并最终使其消失。伟大的艺术天才从来不会被某一种艺术风格所禁锢，而总是超越风格的。

克罗齐同样反对将巴洛克理想化为一个精神时期。因为只有倡导并且培育了一种理想的一个历史时期才可以被冠以精神时期之名，而巴洛克并没有做到这点。巴洛克充其量也就是从文艺复兴到理性启蒙的过渡阶段。如果说十六世纪后半叶到十七世纪后半叶之间的这段时期存在一种理想的话，那绝非是巴洛克，而是自然科学、自然法则基础和自然哲学领域所取得的成就，以及在宗教改革之后诞生的新的包容精神。"巴洛克"这个称谓则恰恰是一个"精神压抑、创作力枯竭"（505）的时代的象征，因此也只有启用否定美学术语才可以对其进行恰当定义。

既然历史所关注的是肯定的、真实的，而非否定的、幻想的东西，那么为什么还要书写意大利的巴洛克历史呢？克罗齐提出并解释了这个问题。他的第一个解释比较有趣，他说，我们不应该对称谓过分在意，在"巴洛克历史"这个称谓中的"历史"

一词只是为了表达方便。他的第二个解释是,他必须得书写这部"巴洛克历史"是因为意大利、西班牙以及德国等欧洲国家(不包括英国和法国)的确经历过这段精神压抑、创作力枯竭的巴洛克时期,所以有必要对这段历史进行分析,即使其艺术价值是负面的。

但是,由于消极的、幻想的东西并不是历史著作的合适对象,克罗齐将他的著作分成了两部分,序言部分讨论的是"巴洛克",即这一称谓包含的消极的、幻想的内容,而全书其余部分讨论的是"历史",即这一历史阶段的意大利所发生的事情。他写道:"然而,书名是书名,书是书,而且因为历史著作只书写积极的、真实的,而非消极的、幻想的东西,所以,在序言部分对反革新、巴洛克以及颓废等概念加以相应解释之后,此书依然以意大利曾经所创造的这段历史作了命名。此命名原则与历史学家兰克的观点是一致的,也是符合'真实发生的事实'之历史本质的。此著作要在巴洛克的压抑、颓废以及臃肿之中寻找意大利曾经所获得的成就。"(506)

《意大利巴洛克历史》一书所讨论的实际上是两部历史,一部是序言部分书写的错误和虚无的非历史,另一部是以历史叙事模式书写的真实历史。整部著作也就被分为序言和正文、巴洛克和历史以及否定的和肯定的两大部分,并试图在两种对立内容中维持平衡,从而可以让其讲述一段按照克罗齐的历史学原则本该被忽视、不值得书写的历史。克罗齐以这样的方式给我们提供了判断两种不同历史叙事的自由,其中既包括积极的巴洛克历史,也包括巴洛克历史中的消极成分,而他对消极成分的讨论不仅仅局限在序言部分,在某种程度上可以说,《意大利巴洛克历史》整部作品是一段未被言说或未被书写的消极历史。

然而,罗伯特·嘉普尼戈里(Robert Caponigri)之类的读者并没有意识到克罗齐所书写的巴洛克历史中存在未被书写的内容，他将《意大利巴洛克历史》当作积极历史来读，而且还煞费苦心地试图说明他的解读是唯一可能的读法①。他写道："历史学的对象从来都是积极历史，因为历史本身从来都是肯定性的……书写消极时期的历史是为了探寻隐蔽于表象之下的积极要素。"（108）在嘉普尼戈里看来，消极历史"既非人们所期望的，也是不可能的"（108），而人们从事消极历史研究的目的仅仅是为了使被隐藏的积极要素浮现。嘉普尼戈里认为，这一目标之所以可以实现，是因为巴洛克的颓废是那个时代的伦理意志"相对失败"的症候，而伦理意志是"积极历史的本体论原则"（107）。伦理意志既确认历史的积极特征，同时也使从消极历史中恢复并重铸这些积极要素成为可能。

对于忠实追随克罗齐的嘉普尼戈里而言，巴洛克时期的消极历史通过将十七世纪积极的和消极的、有价值和无价值的东西进行区分确认了历史的积极性。这种区分是在多个层面进行的。从历史层面而言，巴洛克时期的积极历史形式可以看作是对上一个历史时期积极要素的延续或下一个历史阶段的积极要素的预期。他写道："如果巴洛克时期还能够发现一些积极要素，它们要么是从文艺复兴时期或中世纪延续而来的，要么是对一些即将诞生的理想的期盼，而真正培育了这些理想并宣告其诞生的则是巴洛克之后的那个时代。"（105）比如说，这一时期出现的对反宗教改革的否定批判就是对文艺复兴和新教改革运动②时期积极精神的一种延续。

---

① 参见罗伯特·嘉普戈里尼《历史与自由——贝内戴托·克罗齐的历史著作》，亨利·勒涅里出版公司，1955年。引自该作品的其他内容将会在正文中直接注明。

② 反宗教改革也被称作天主教改革或天主教复兴，是由天主教会为了应对新教改革而发起的一场天主教复兴运动，起始于1545—1563年间召开的特伦多大会，终结于1648年发生的"三十年战争"。反宗教改革进行的时期基本也是巴洛克时期。——译者注

文艺复兴和新教改革等运动对人类精神发展做出了巨大贡献，所以是理想型运动。而反宗教改革运动则完全是实用主义运动，缺乏任何人文或精神成分，嘉普尼戈里写道："反宗教改革没有任何理想的、永恒的、深刻的人性或神性参照点，没有一个虽然存在于历史之中却可以超越历史的参照点，这一事实足以证明这一运动的实用主义特征"（112）反宗教改革运动只有一个明确目标，那就是维护、宣扬天主教会，这一事实本身并无可厚非，克罗齐的批判对象并非是天主教会的精神运动或宗教活动，他反对的只是这一事实，即天主教会作为一个机构是现世的、具体的、历史的，因此也是否定精神理想的。

反宗教改革的实用性特征同时也宣告了其非创造性特征。创造性是理想主义历史运动的精神特质，而反宗教改革的突出特点是精明、典型的实用主义特征，可以将一切为我所用，可以将人文主义、古典主义或文艺复兴等任何一个历史时期有利、实用的东西加以改造后服务于自己。然而，由于没法创造性地利用自己所借用的东西，此类精明是一种消极特质。借用的东西难以根据其内在潜能得到充分发展，却完全受限于外在需求。所以，一旦被实用性所主导，那些本来内在于被利用之物的理想和精神特质也会自然枯竭。

嘉普尼戈里对《意大利巴洛克历史》一书的解读指出，根据对理想性和实用性、创造性和非创造性进行区分，便可区分巴洛克时代的历史和非历史、消极面和积极面。巴洛克时代的一切，无论是其首创的还是从以往时代继承而来的，其实用性特征注定它们是难以传承的、无意义的。当然，只注重眼下的实用性特征也意味着，消极的巴洛克主义仅仅是一起历史事故，一旦十七世纪结束，它也将寿终正寝。当巴洛克时代过去之后，历史的积极、理想特征将会重新显现，历史将会重新成为历史。

也就是说，对巴洛克时代依然鲜活的和已经僵死的、积极的和消极的、创造性的和实用性的东西所进行的认识论区分也就是历史区分。这些在概念层面没法解决的对立关系在历史时间性层面却可以得到解决。随着大约一百年时间的消逝，精神追求重新战胜了实用主义，积极性战胜了消极性，而此过程没有任何人为干预。这一结论与克罗齐认为哲学秩序平行于、甚至等同于历史秩序的历史概念是一致的。这种哲学—历史关系是克罗齐将其哲学思想称为"绝对历史主义"的根本原因："这是我将拙作简单命名为《精神哲学》的原因。对历史以及历史和哲学之间关系的认识让我想到了'历史主义'一词，为强调其特色，又添加'绝对'一词为其定语。"[①]《意大利巴洛克历史》一书，尤其是嘉普尼戈里对此书的解读，所传递的不仅是代表性的克罗齐历史思想也是其哲学思想，涵盖在他的"绝对历史主义"这一概念当中。

但是，并不是所有问题都能被这一概念加以妥帖解释。我们可以说，巴洛克如同中世纪和文艺复兴时代一样，是一个特定历史时期的特有现象。但是并非所有的巴洛克消极因素会随着那个世纪的终结而消失。宗教改革和反宗教改革是阶段性概念，会随着巴洛克时代的终结而消失。但是巴洛克诗歌和文学却并非如此，虽然这个称谓中的"巴洛克"指的是一个时代，但是影响诗歌及其表达方式的因素却是普遍性的，并非严格限定在一个历史阶段，诗歌领域的巴洛克和非巴洛克划界很难做到。克罗齐反对将十七世纪之外的诗歌和文学贴上"巴洛克"或"新巴洛克"的标签，或许其他时代的文学中也存在许多明显的巴洛克意象，但是他们并不能被称作真正的巴洛克文学。而且，巴洛克-非巴洛克的分类也根本无助于我们真正理解相关艺术家。我们可以给

[①] 克罗齐：《批评的贡献》（"Contributo alla critica di me stesso"），收录于《哲学、诗歌、历史》（*Filosofia-Poesia-Storia*），里卡尔多·里恰尔迪出版社1951年版，第1174页。

加布里埃尔·邓南遮①贴上巴洛克诗人的标签，并将他比作马里诺②，但这并不等于说邓南遮是巴洛克诗人。邓南遮是他那个时代的人，深受他所处的时代以及包括浪漫主义、写实主义、帕纳塞斯派诗人和尼采思想在内的各种文学和精神运动影响，而和他不同时代的马里诺却并未接触过这些思想。克罗齐提出，在区分是否是巴洛克文学时，必须严格地将此概念当作一个历史术语来对待，以免该词被扩散到其他貌似与巴洛克相同实则迥异的作品或作家领域。他写道："巴洛克和浪漫主义这样的术语应该被当作历史概念，以免它们被普遍化，甚至被误用。导致有关作品被贴上这些标签之后丧失了自我特征。"（35）能否将巴洛克概念限定在十七世纪之内最终取决于一个历史学家或者批评家是否会严格遵守克罗齐的这个观点，也取决于他是否有能力辨别历史和美学、本质和隐喻之间的区别。

能够验证克罗齐的哲学思想的途径往往是其诗学和美学思想。其实，如果历史和哲学是一体的，而历史可以被归约到艺术概念之下，那么要对艺术、历史、哲学加以区分是很成问题的。克罗齐自己曾经所做的一段充满矛盾的评论便是这种纠结关系的一个很好佐证。他说巴洛克时期最优秀的诗人是两位哲学家，托马索·康帕内拉和詹巴蒂斯塔·维科；他还说这一时期不具备巴洛克特色的诗歌尤其枯燥乏味，比那些受他批评的巴洛克诗歌还要低劣；他也说这一时期最好的诗学成就来自于喜剧文学，尤其是方言喜剧。这些喜剧将文学从枯燥乏味、矫揉造作的巴洛克伪

---

① 加布里埃尔·邓南遮（D'Annunzio）(1863—1938)：意大利诗人、小说家、戏剧家、记者、战斗英雄以及政治领袖。被认为是十九世纪末二十世纪初意大利最优秀作家之一。——译者注

② 这里指的是詹巴蒂斯塔·马里诺（Giambattista Marino）(1569—1625)：意大利诗人，巴洛克诗歌的代表人物，马里诺派的奠基人。他的诗作注重形式，大量使用对比和比喻，喜欢华丽的描述，追求诗歌的音乐性。代表作是史诗《阿多内》。——译者注

诗歌中"解放"了出来。克罗齐认为，对付腐朽的巴洛克文学形式的唯一方法就是"通过戏谑它们来毁灭它们"（307）。他认为 G. B. 巴西莱①的《五日谈》（*Il cunto de li cunti*）作为方言喜剧的代表作，是这一时期最主要的诗学成就，远比马里诺的《阿多内》优秀。不过，令人惊奇的是，克罗齐曾在其《美学》一书中指出喜剧压根不是一个美学概念。

对于克罗齐来说，说出或做出有悖于他自己确立的各种标准的事并不罕见。他曾明确提出《意大利巴洛克历史》一书的序言和正文部分所讨论的分别为消极内容和积极内容，然而真实情况恰好相反。分析反宗教改革、巴洛克和颓废问题的序言部分被他认为是非历史的，但实际却是全书最具备历史著作特色的部分。而被称作历史性的正文部分其实是非历史的，因为此部分讨论的主要是诗歌和文学问题。此部分也并非积极内容，因为所讨论的主题是被他诟病为消极的、强调实用性的巴洛克文学。

引起这些矛盾的原因和克罗齐所批评的巴洛克诗歌本质直接相关。克罗齐将巴洛克诗歌看作一种失败的努力，他认为巴洛克诗歌没能力发展、利用或追求这一时期积极的、富有创造性的诸多方面。这种失败明确体现在巴洛克艺术理论和实践的不一致当中，巴洛克文学并未能应用当时先进的艺术理论。克罗齐认为巴洛克时期的艺术理论实际上部分继承了上一个历史时期强调"用美的形式来使人愉悦"（169）的人文主义艺术概念，因此是可以接受的。虽然巴洛克艺术理论并没有对中世纪或古典时期艺术形式进行反抗，但它依然标志着理论进步，尤其在对寓言的理解方面。寓言在巴洛克时期已远没有在但丁作品或其他中世纪作家的作品中那么被人看重了，巴洛克时期的作家批评但丁在其史

---

① 詹巴蒂斯塔·巴西莱（Giambattista Basile）（1566—1632）：意大利诗人，用那不勒斯方言写作。——译者注

诗中过度应用寓言，同时赞扬那些不大使用寓言，却通过"具体而真实"（170）的方法书写的作家。另外，巴洛克时期的理论家也支持文艺复兴时期兴起的、提倡艺术"进行道德和哲学教化，传授美德"（170）的艺术概念。巴洛克艺术理论的另外一个很先进的概念是艺术的娱乐性，这一概念意味着艺术不应该以寓言之类艺术之外的东西为目标，艺术的目标只在于艺术本身，在于它产生的快感，"模仿的快感、想象的快感，或者美感，或者其他任何一种可能性。"（172）

克罗齐赞同巴洛克艺术理论所提出的对艺术的判断在于精神态度或在于一种被称作"品味"、"感觉"或"感受"的特殊能力这一观点。巴洛克艺术理论家批评所谓的体裁划分，反对用所谓的体裁概念为艺术作品或艺术家套上一整套规矩。克罗齐赞同他们的观点，他提出："规矩不应该是'将才华束缚在既定书写方式中的枷锁'。"（177）克罗齐亦赞赏巴洛克艺术理论对"才华"的强调。诗人的才华与哲学家的不同，哲学家重在"研究与思辨"，而诗人的才华则在于"想象能力，尤其是诗性想象和创造能力"（178）。巴洛克艺术理论家还提出了发展艺术个性以及风格化表达的理念，克罗齐对这一观点亦倍加赞赏。

但是巴洛克艺术中这些"健康而真实"（181）的积极要素并没有被巴洛克时期的诗人们很好地应用，未能将其发展成为完整的诗学或美学艺术理论。相反地，它们被掺杂了"虚假的、不健康的"（181）要素，最终形成了矛盾混杂的诗歌形式，其中既有艺术即快感的概念，也有快感即艺术的概念；既有艺术的具体美感，也有让感官享受替代了艺术的情况。正如克罗齐所说："因此出现了混乱、失衡、不伦不类的情形。追求自身快感的艺术理念变异为快感即艺术的理念；高雅的幻想中夹杂着低俗的怪异；追求作品具象美感的过程中将邪淫误认为艺术；真正伟大的艺术创作所应具备的个性、开创性和新颖性退变为追求奇异的搞笑点，以刺激对传统快感已麻木的神经。"（181）结果，巴洛克诗学中"虚假的、不健康的"要素逐渐"掩盖并淹没"了"健康而真实"（181）的东西，并最终使积极要素彻底堕落；才华的概念变异为"低俗杂耍的能力"（183）；免受体裁和规矩约束的自由演变为恣意创作的借口，为了制造噱头和轻易成名可以不惜代价，轻易违反艺术戒律。

正是扭曲积极要素这一特点使得巴洛克艺术或诗歌不同于其他任何历史时期的任何非艺术、非诗歌或其他丑陋的艺术形式。与其他伪艺术或伪诗歌相比较，巴洛克艺术具备一种负能力，可以用奇思异想的、骇人听闻的、博人一笑的低俗内容来"置换"艺术真实："巴洛克的特点很容易辨认，即通过制造令人讶异的效果来置换艺术真实，借助特定的情感模式来令人兴奋、使人好奇、让人吃惊，从而使得它不同于'学术的'、'感伤的'或'缺乏生机的'其他任何艺术类别。"（26）这种"置换"能力是巴洛克艺术的独门绝活，使它沦落为非艺术，也使它有别于其他任何一种伪艺术。

在这个置换过程中，实用主义置换了对崇高的追求，骇人听闻替换了沉思遐想。结果不仅是背叛了艺术的基本戒律，使其堕落为实用之物，同时也给那些误将此类作品当作真正的艺术或诗歌的接收者带来了很多困惑。克罗齐引用了里格尔评价巴洛克艺术这种任意武断、动机不明、难以理解的艺术特征的一段话来说明此类困惑："里格尔准确表达了阅读此类所谓艺术品时产生的困惑：'一个身影在做祈祷，看上去似乎在遭受痉挛的折磨。那为什么会出现痉挛呢？这种痛苦的表达没有道理，令人费解。他的衣服在疯狂摆动，似乎有狂风。但是，他身边树上的叶子却是完全静止的。为什么狂风吹动了衣服却未吹动树叶？'"（28—29）里格尔所提供的这个例子中，这幅画的表征方式令人充满困惑。显然，巴洛克艺术家或诗人并没有提供协调一致的诗歌意象，他们的艺术表征方式是荒谬的、矛盾的、吊诡的，呈现出"一致的不协调性"："无论他们采取何种表现方式，目的总是很一致，即借助骇人听闻的内容来产生震惊效果。"（29）的确，为什么狂风吹动了衣服却没有吹动树叶？

巴洛克艺术不协调的表征方式及其吊诡的本质使其不仅偏离了艺术应有的品味，而且破坏了艺术应有的协调性和可辨识性品质，结果非常令人讨厌。巴洛克艺术所制造的所谓吃惊效果是"冷冰冰的"、"空洞的"（29—30）。那些标榜为喜剧的东西也是同样的情况。过度做作导致其效果是"僵硬的"（30），喜剧往往变成了"超喜剧"（30），其笑声往往是滑稽的，而不是阿里奥斯托作品中那种"直率的、自发的笑声"（30），而只有率真的笑声才意味着目的的严肃和心灵的宁静。巴洛克艺术中的笑声是不自然的、勉强的、过火的，所产生的效果恰好是相反的，根本难以触动我们。克罗齐引用奥尔基神父将忏悔行为比作洗衣妇跪在河边洗衣的那个著名片段来说明情况，他提出，在那个片段中，神父作了一个冗长的比较，"在经过四次揉搓、三次击打、两次淘洗、一次绞拧之后，衣服变得更加白净柔软，"（30）这一比较将两个完全对立的行为进行巧妙结合，将忏悔这种严肃又敏感的精神主题跟洗衣服这种低贱、粗糙、微不足道的小事加以比较，克罗齐认为这种新颖的做法本应该是令人赞赏、给人新意的，然而最终却根本不会产生任何效果，无法触动我们。显然，克罗齐批评这种类比并非因为他认为将忏悔比喻为洗衣服之类的粗活是对严肃主题的亵渎，而是因为，虽然这是一个"大胆新颖"的类比，但也只是一个为了比较而比较的做法，并不包含宗教批判目的，所以没法引起读者共鸣。

克罗齐提出，由于巴洛克艺术不具备值得挽救的品质，所以必须得在这个历史阶段和其他历史阶段之间划出一道清晰的分界线："因此，我们需要将巴洛克定义为在十六世纪最后几十年到十七世纪末之间在欧洲出现的一种艺术扭曲,其目的在于逐新猎异。"(34)除了对巴洛克的时间阶段进行严格划分之外,克罗齐还提出,巴洛克的形成没有明确的历史原因,因此不具备历史延续性。巴洛克前一个时期的情况难以解释巴洛克时期存在"逐新猎异的需求"(34),难以解释这种艺术扭曲的原因。无论是人文主义影响、模仿古人的愿望、耶稣会教义影响、还是人类追逐新奇的驱动力,这些元素都难以解释巴洛克的形成。因此,它的出现具有任意性,"它以这种方式出现只是因为这是它所希望的出现方式及行为。"(37)巴洛克的出现没有历史原因,它的影响也仅限于它所在的那个历史时代,一旦进入十八世纪,巴洛克对艺术的扭曲也就终止了,对之后的诗歌并没有产生影响,以桑纳扎罗的《阿卡迪亚》为例,虽然此作肤浅无趣,但终归还是诗歌作品,不存在巴洛克时期的那种艺术扭曲现象。当十七世纪的帷幕落下之后,巴洛克的错误和扭曲也随之谢幕了。因为"真正的艺术从来不是巴洛克风格的,巴洛克风格的作品从来不是艺术"(37),所以十七世纪末巴洛克时代的终结也意味着巴洛克的艺术错误和对艺术扭曲的终结,或者说,巴洛克时代的终结意味着艺术在经历了不幸的短暂断裂之后可以继续延续了。

克罗齐认为巴洛克诗歌创作存在一个根本性错误认知。虽然我们现代人感觉巴洛克诗歌荒谬可笑,但是当时的巴洛克诗人们却对他们的写作"极其认真"(257),自欺欺人地以为他们所书写的是伟大的诗歌。巴洛克诗歌固有的模仿劣性被巴洛克诗人们理解为"通过翻译和重新解释古今诗人的方式"(257)来"重新利用"(257)前人的诗歌模式。巴洛克诗人们将自己看作可以点物成金的新国王麦德斯,以为但凡经他们所触碰的东西都会变成黄金,诗歌之黄金。

克罗齐认为巴洛克时期的诗人普遍采取这种方法,没有一个诗人能够免于俗气,脱颖而出。由于马里诺的史诗《阿多内》在当时红极一时，所以克罗齐的评论主要集中在这首诗。他提出："此诗构成过于精巧、过于华丽，所以让人感觉空洞虚无，它似乎无所不包，又似乎空无一物，没有任何诗性的、质感的成分。"（258）《阿多内》通常被称作一首可以"充分调动感官的诗歌"（258），但是克罗齐认为它一点儿都不动人，克罗齐认为艺术作品要打动读者必须得"同时具备人文关怀、快感和痛感"（258）。他认为这首诗根本没法调动人的情感和欲望，相反地，读者所能感觉到的只是"诗歌深层的冷漠以及粉饰深层空洞的华丽外壳"（258）。

克罗齐对诗人马里诺的评价也类似。虽然马里诺普遍被认为是一个"迂腐但却富有才华"的诗人，但在克罗齐眼里，他缺乏诗人必须具备的才华，即"人性情感和诗性想象"（272）。克罗齐认为马里诺创造了诗歌写作的一种"机械过程"（272），这个方法被许多其他意大利诗人加以应用并逐渐完善。马里诺的这种方法在学习诗歌创作技巧方面是有用的，但并不适合进行真正的创作。而马里诺本人及其追随者们都自欺欺人地以为可以利用这种方法写出真正的诗歌，克罗齐写道："幼稚的是，他们，甚至至今还有不少人相信，可以将诗歌内容放进这件空荡荡的美丽外套之下，让其装饰优秀的诗歌内容。"（272）巴洛克诗学固有的错误在于他们梦想在毫无美感的空壳下找到诗歌，以为他们的那个"机械过程"可以装饰诗歌。而克罗齐认为，真正的诗歌创作过程中，诗人要潜入自我内心，为自己的创作寻求形式、色彩以及乐感。如果他碰巧也熟知巴洛克诗歌的那一套程序，那他一定要将其完全否定，只有这样才可以为自己的创造找到真正的诗歌外形："真正的诗人常常被迫从内心深处挖掘属于他自己的形式、色彩以及音乐。即使起初他可能已经是应用固有程序的专家，但是他只能在否定意义上受益于这些程序，在创作自己的作品时必须得对其加以否定。"（272）克罗齐认为马里诺的诗歌问题在于，马里诺内心本就空洞无物，而且也未曾做出深入挖掘内心的尝试。

克罗齐认为,马里诺的诗歌创作试图织造一块可以包裹万物的"华丽的布料",至于包裹什么东西,他是不在乎的:"他的作诗方式跟诗歌内容无关,而是织造一块可以装饰一切的华丽的布料。"(272)马里诺的作诗方法不管被应用到什么题材,不管语境有任何变化,都可以写出"华丽",甚至"高明的"诗行,但是重复性和虚假性注定这样的诗歌永远是"单调的"(272)。他的所有诗歌都缺乏情感和想象力、单调同一、缺乏变化,因为一切都被输进了同一套巴洛克诗歌程序:"他的所有诗歌中,情感和对情感的想象是不在场的,各种各样的内容都被同质化了,全都被变成了执行巴洛克伪诗歌创作程序的托词。"(277)整体缺乏开创性和理想性导致巴洛克诗歌没有任何成就。情感生活和强烈情感的匮乏导致巴洛克诗人只是模仿别人而不是进行真正的诗歌创作。可笑的是,他们自以为自己的目标非常严肃,自己的诗歌创作成就甚高。正如嘉普尼戈里所说,他们的诗歌"隐含着本质性的索然无味"(123),一系列互不相干的意象只是为了掩盖内在的空洞。克罗齐认为,以马里诺的《阿德内》为代表的巴洛克诗歌的缺陷在于以抽象的意象替换了具体的意象,并在这些抽象意象的基础之上创造出了一些虚假意象。这些虚假的巴洛克诗歌意象并非源自自然情感,而是基于幻想之上的无中生有。

此外,克罗齐也批评巴洛克诗人的装腔作势,指责他们自欺欺人,打着支持艺术的幌子干着违背艺术的事:"他们当中的许多人对于巴洛克美学理论表里不一、混乱不堪的情况是清楚的,他们知道这一理论在宣称艺术自由的托词掩盖之下,将艺术视作无需实质内容,只需满足感官需求的东西。"(184)克罗齐的此番批评是值得肯定的,因为他所批评的不只是巴洛克诗歌的表征方式,也是约束诗歌发展的理念本身,以及应该为这些错误理念负责的人。巴洛克的问题不仅仅在于巴洛克诗作,也在于那些说一套做一套的理论宣讲者本人。

克罗齐指责巴洛克诗人和艺术家虚伪是有道理的。他们在理论上，甚至有时候在实践上提倡一种进步的艺术理论，但事实上却将这种理论推向一种极端，扭曲诗歌艺术的一些基本理论观点。巴洛克艺术可以说在原则上是以这些进步的美学或诗学理想为目标的，但是实现目标的方式却是虚假的、没有感情投入的。克罗齐进一步引用17世纪意大利诗人兼批评家维拉尼[①]的评论来支持自己的观点："维拉尼也批评巴洛克诗人恪守着虚假至极的规矩，导致他们在表达情感时虚情假意，或者说压根就没有情感表达。"（184）

克罗齐认为巴洛克时期没有产生艺术的一个主要原因是主题匮乏，没有什么值得书写的内容，艺术家们缺乏可供滋养诗歌和艺术的内在情感生活："他们缺乏可书写的主题，缺乏情感生活，内心生活虽然不是诗歌，但无疑是诗歌产生的条件。"（252）更加糟糕的是，优秀诗作的匮乏导致那些抄袭模仿的伪诗歌大行其道。巴洛克诗歌不仅宣称自己是跟以往的诗歌完全不同的另类艺术，同时还自欺地认为自己是对以往伟大诗歌的进一步完善，比以往的诗歌具有更优秀的本质和文化："希望凭借所谓完美的本质和文化自成一派。"（256）巴洛克诗歌没有成为反映自己所在的特定社会和文化的艺术。相反，他们假装自己在延续诗歌的伟大传统，而且比传统诗作更加完美。这也是克罗齐将巴洛克诗歌称作伪诗歌，并且批评其夸夸其谈、自命不凡的风格的原因。克罗齐认为巴洛克诗歌不仅缺乏必需的诗歌主题，其风格也只是拙劣的仿制，因此不可以被归入以但丁和阿里奥斯托为代表的正统的诗歌创作，甚至不能被称作诗歌。

由于巴洛克时期的创作者们自视其作品为诗歌，所以克罗齐

---

① 这里指的是尼克·维拉尼（Niccolo Villani）（1590—1636），曾以 Messer Fagiano 为笔名写过批评马里诺的《阿德内》的文章。——译者注

的办法就是辨识其伪装并且予以揭穿。他的目的在于确保巴洛克诗歌不会被当人作真正的诗歌而加以赞赏,由此保证那些真正的诗歌不会被当作非诗歌而受到批评。克罗齐要做的就是让当下受到误导、试图重新高度评价巴洛克诗歌的人看清问题,他在《意大利巴洛克历史》一书的附言部分明确表达了这一意图。

我们有必要对克罗齐在消极的巴洛克艺术和"凡人之错"(36)之间所做的类比加以了解,这样可能有助于我们更好地理解《意大利巴洛克历史》一书以及克罗齐对巴洛克非历史所进行的历史阐释。克罗齐认为,如同隐匿的凡人之错一样,巴洛克时期的出现是没有原因、不可预测的,他写道:"事实上,如果从心理学或者理性的角度去分析,巴洛克时期的形成是没有原因的,凡人之错也是无法解释的,除非我们相信这是人的罪恶本性。"(35—36)克罗齐将巴洛克的出现比作凡人之错的做法给我们提供了解释其巴洛克历史观的新途径。一方面来说,这一类比强调了巴洛克时期的突然出现难以进行理性解释这一事实。而另一方面,这一类比也暗示,巴洛克时期的错误其实也是普遍性的、不可避免的,绝非限定于某一特定历史时期。虽然克罗齐提醒大家不要将"巴洛克"标签贴给其他时期的诗人和诗作,但这种联系其实时常可见、不可避免。克罗齐所批判的那些巴洛克问题其实在任何一种诗歌、艺术或语言学领域都是存在的[1]。人性本来是善的,也是向好的方向发展的,但潜在的犯错倾向在任何时刻都可能会突然爆发。同样地,巴洛克艺术的问题可能潜在于任何一种艺术或诗歌之中,也同样可能在任何时候实际爆发。一个消极时期可能会在人类历史的任何一个时刻突然出现,同样地,巴洛克艺术可能会在艺术史的任何一个时刻出现。

---

[1] 从克罗齐发表于1902年的《美学》一书的全称(《作为表达科学和普通语言学的美学》)足以看出他认为美学和语言之间存在等同关系。

将巴洛克时期的缺陷比作凡人之错其实与克罗齐的本意是相矛盾的，有悖于他所确立的一些标准。首先，这种类比意味着对巴洛克时期的界定不能再限定在17世纪，也就是说，书写巴洛克历史将不再可能，因为如果按照这种理解，但凡存在打破了既定诗学标准的诗歌模式的任何一个时代都存在巴洛克问题。我们可以说17世纪生产了巴洛克文学、巴洛克历史和巴洛克哲学，但是我们不能说这些不符合常规标准的非诗歌仅仅局限于这个世纪的时间界限之内。

克罗齐在巴洛克时代和凡人之错之间所做的类比还有一层含义，此类比意味着一种紧迫感。他之所以如此尖锐地批判巴洛克时代、巴洛克诗歌和巴洛克诗人，批判其浮夸奢华、矫揉造作的诗歌风格、批判其公式化的创作方式，是因为他想借此来批判另一个时代的另一种诗歌流派。

克罗齐的这一类比除了对巴洛克时代进行历史解释之外，目的也在批判他自己所处的那个类似巴洛克时代的时代以及该时代的诗歌流派，即法西斯时代以及未来主义诗歌流派。我们知道，《意大利巴洛克历史》一书起初是在1924至1928年之间在克罗齐自己负责的《批评》期刊上连载的，最终结集成书，于1929年由拉泰尔扎出版社出版。

克罗齐将他自己所在时代的未来主义者比作巴洛克诗人，这一影射是含蓄但又明确的[1]。比如说，在批评巴洛克问题时，他

---

[1] 这并不是克罗齐唯一一次用暗比方法进行评论。当然，另外一次暗比不是为了批评而是褒扬。他通过将弗朗西斯科·吉埃塔暗比为吉多·葛查诺来褒扬前者的诗歌成就。吉埃塔是那不勒斯一名年轻的天才诗人，也是克罗齐的朋友，自杀身亡，其诗歌成就并不是很高，但克罗齐通过将其比作葛查诺的方式来提升其艺术成就。参见贝尔纳多·罗西《克罗齐与吉埃塔：友谊·死亡·造势》（"Benedetto Croce e Francesco Gaeta: l'amicizia, la morte e il tentative di una consacrazione peiticaattraverso Guido Gozzano"），载《文学批评》第24期，（Critica Letteraria）1996年第90卷，第199—219页。罗西提出，克罗齐通过同时引用他精心挑选的两位诗人的诗歌，"制造了一种效果，让人感觉吉埃塔比葛查诺更胜一筹。"（214）

将巴洛克艺术家对创作自由的曲解与未来主义者的做法相比较："这不是创作自由,而是一种类似我们今天称作'未来主义'的做法。"(184)他的这个影射只是一带而过,并未做突出强调,但却意义重大,因为它让隐含在整部《意大利巴洛克历史》一书中的另一个历史维度浮出了水面,而"未来主义"一词只是这一维度的冰山一角。他对马里诺和马里诺派的批评其实也影射马里内蒂①以及马里内蒂派。这两个人名之间的高度相似性本身就引人遐想。

克罗齐一再强调他没有影射意图,这反倒说明他的批评存在间接影射。在对马里诺以及马里诺派的"机械诗歌程序"进行描述之后,他说了一句类似免责申明的话:"鉴于马里诺和他那个流派在当时的火爆情况,我们可以补充一句,*那个世纪的*(原文斜体)意大利存在书写'优秀诗歌'的人。"(272)特意强调"那个世纪",显然是正话反说。言外之意是说,在意大利书写所谓"优秀诗歌"的人绝非限于那个世纪。另外一处影射出现在克罗齐批评那些宣称自己的创作是将诗歌内容嵌进既定诗歌模式的巴洛克诗人时,他写道:"这个空洞的诗歌外壳如此漂亮,让人忍不住想填充内容,这种情况至今普遍存在。"(272)这一处的影射其实很直接了,因为他明确提到了他所处时代的诗歌创作情况。还有一处比较重要的影射是,克罗齐在讨论马里诺及其拥趸们时提出了马里诺派这一概念,其实并不存在一个明确的马里诺派,而马里内蒂和他的追随者们的确形成了一个流派,他们的所有创作都是未来主义这一诗歌运动和意识形态运动的激进宣言。显而易见,克罗齐在《意大利巴洛克历史》一书中对巴洛克诗歌的批评也意味着对未来主义的批

---

① 指菲利普·马里内蒂(Flippo Marinetti)(1876—1944),意大利诗人、编辑、文艺理论家,未来主义运动的奠基人,《未来主义宣言》和《法西斯主义宣言》的作者。——译者注

评，虽然他从来没有、也不愿意去撰写一部专门批评未来主义的著作。

克罗齐对未来主义的批评严厉程度并不亚于巴洛克。他曾经在一个场合说过："你们那刻意炮制的所谓'抒情诗'，简直就是庸医行骗、小丑表演"①。在其《未来艺术反思》（"Pensieri sull'arte dell' avvenire"）这篇谈及未来主义的短文中，他将未来主义派定义为"非艺术的东西"（271）②。他强调："未来主义派事实上并非诗歌也非艺术，称不上一种艺术或诗歌形式，不值得讨论。"（272）

克罗齐在此文中也解释了为什么未来主义派不值得讨论的原因："我要做的是诗歌研究，而他们的那些东西是垃圾。"（272）他认为未来主义是一场没有领军人物的运动，由一群天才人物参加却并未形成天才思想，因此只能是毫无价值的昙花一现，压根儿"没有进入公众的想象和记忆当中，也未能在他们的耳畔停留"（274）。他还写道："有人说未来主义是一个没有领袖没有杰作的艺术流派，这话听着有些荒谬，但却明确证实，未来主义可能是赛车或飞行比赛等其他任何一种运动派别，但绝对不是一个艺术流派。"（274）既然未来主义只是一场没有艺术价值的派系活动，自然不值一谈。克罗齐认为应对此类"反艺术"运动的最好办法就是忽视他们，希望他们早日消失："怎么应对？没有什么好办法，我们只能等待这种恶行自行消散，等待这场反艺术反诗歌的流行病自行消退。"（274）克罗齐在此不仅将未来主义比作恶行、流行病，也比作巴洛克这种"意大利十七世纪的

---

① 这段话最早出现在《克罗齐作品选编》卷一（*Pagine Sparse* I），第369页。但此处引用出自奥尔西尼主编的《贝内戴托·克罗齐》第48页。

② 引自《未来艺术反思》（Pensieri sull'arte dell' avvenire），收录于《1914至1918之间的意大利》（L' Italia dal 1914 al 1918），第三版。巴里：拉泰尔扎出版社1950年版，第270—275页。此书撰写于1918年。下文出自此作品的引用都会在文内直接注明。

风格"。他写道："历史总会让同一种流行病一再重现,眼下出现的依然还是'意大利十七世纪的风格'的那种流行病,那病在持续 70 年之后自行消退了,然而又以更加猖獗的形式重现。"[1] 跟巴洛克以及其他任何一种颓废艺术形式一样,未来主义派也是"道德沦丧、思想瓦解"(275)的最终结果。知识分子对此束手无策,"只能躲到一边,让流行病自生自灭。"(275)

在"巴洛克和浪漫主义狂热期"(275),一些知识分子对其置之不理,埋首于"那些真正伟大的诗作"(275)寻求自我安慰。克罗齐建议大家效仿他们,以同样的态度应对类似的狂热运动,退回自我,拒绝与反艺术运动妥协,既是为了自我保全,也是为了保证真正的艺术和诗歌得以延续而必须采取的方法。如果我们能够意识到,克罗齐提出的应对反艺术反诗歌形式的建议同样也是他面对法西斯主义和墨索里尼的法西斯政府的立场,那么他这段批评的意义会显得更加深刻。

虽然克罗齐从未书写也拒绝书写一部法西斯历史,但他对巴洛克和未来主义的批评中隐含着对法西斯主义的谴责。在一战后召开的一次会议上,他说道："我不曾书写法西斯历史,因为对法西斯主义的痛恨使我不愿意去做这件事。"[2] 克罗齐认为,法西斯主义是未来主义的一个必然产物,是由反叛的未来主义诗歌运动所掀起的一场政治运动,两者一样暴力,一样无政府主义。他写道："有历史意识的人可以在未来主义运动中找到法西斯主义的源头。义无反顾地冲向大街、将自己的想法强加给别人、压制异己、无所顾忌地打架闹事、一味追求新奇、不顾一切地与传

---

[1] 克罗齐以同样的方式批评了被推向极端、"荒谬可笑"(274)的"浪漫主义"(274)。

[2] 引自《反对我们这个时代的历史》(L'obiezione contro le 'storie dei propri tempi),收录于《克罗齐作品选编·卷三》(Terze Pagine Sparse),拉泰尔扎出版社 1955 年版,第 115 页。

统决裂、煽动青年，这些都是未来主义的典型做法。"① 克罗齐对巴洛克时代的反理性以及暴力特征的批评中透露出他对法西斯主义的判断。

克罗齐通过研究巴洛克历史来间接批评法西斯主义和未来主义的做法很好地诠释了他所坚持的"真正的历史是当代历史"的观点。在克罗齐看来，只有在当下的刺激之下生发的历史才是重要历史，只有此类历史才可以促生新的行动。在这样的历史概念关照之下，真正的历史时间不再是数学意义上的时间或者缺乏激情的抽象精神，而是一段精神时间，其激情被严格联结起来，时时刻刻处于毁灭和重生状态②。然而，这段真正的当代历史是无法直接讲述的，只有通过间接的，或者否定批评历史的方式来加以叙述。

克罗齐间接批评未来主义和法西斯主义的做法可以被称作佯装糊涂。托尔夸托·阿奇托在动荡不安的17世纪也采取了这种方法，并在他的《诚实的佯装》一书中对其有所描述，被克罗齐发现，加以推广应用，而且在他书写巴洛克历史时也有所介绍③。克罗齐认为阿奇托的佯装技巧意味着思想战胜了情感，借助此方法可以使人通过战胜自我而获胜："阿奇托自己的做法说明了'佯装糊涂'的作用，此方法可以使一个人控制自己无意义情感的非理性爆发，借助理性战胜自我，从而获得最大的胜利。当然，让一个人在想说话的时候保持沉默，不按照情感冲动

---

① 这段话最初发表于1924年5月21日的《新闻报》。引自由斯坦弗诺·安德烈亚尼主编的《马里内蒂及反叛的先锋派》（*Marinetti e l'avanguardia della contestazione*），克雷莫内塞出版社1974年版，第95页。

② 参见《反对我们这个时代的历史》，收录于《克罗齐作品选编·卷三》拉泰尔扎出版社1955年版，第109页。

③ 克罗齐讨论阿奇托的这部作品的内容在第162—165页，参见塞尔瓦托 S. 尼格罗的评论《论托尔夸托·阿奇托的〈诚实的佯装〉》（*Torquato Accetto，Della sissimulazione onesta*），科斯塔 & 诺兰出版社1983年版。

做事是很痛苦的，但是，克制自己的言辞和行动可以令人摆脱情感的控制，获取思想平静。"（162）知识分子在危急时刻佯装糊涂进行回避是为了更好地承受逆境的打击，更好地容忍难以忍受的事情，平静地生活。

阿奇托的诚实的佯装具有更深层的意义，传递了佯装糊涂的道德含义，使得阿奇托著作的道德坦诚和他同时代人的缺乏道义形成了鲜明对照。克罗齐在讨论阿奇托及其著作时对假装和佯装做了区别[①]。他认为前者是假装不在场的东西在场，而后者则是佯装在场的东西不在场。巴洛克艺术家的虚假模仿以及克罗齐时代的那些本来一无所长却假装自己在书写伟大诗歌的诗人们属于前者；未来主义者也是假装不在场的东西在场，借此神话自我以及自我的真正价值。而阿奇托是佯装在场的东西不在场的典型，佯装的核心不再是假装和欺诈，而是表达自己的真诚和真心。他写道："熟悉17世纪作家的人们都知道这帮人的道德自觉有多匮乏。能够看清那些当下大行其道的、昧着良心自我吹嘘的所谓艺术家的人们会喜欢上这位3个世纪前默默无闻的那不勒斯人，他以佯装糊涂的方式向人们展示了真诚以及如何在这样的时代做到真诚。"（94）从这段话可以看出，克罗齐同时谴责巴洛克诗歌以及他自己所处的时代的意大利诗歌，认为他们对艺术以及艺术价值形成错误判断，是这两个时代道德堕落的文化症候。

而佯装糊涂却是隐蔽在场的东西，为了自身安危将一些自身拥有却必须加以掩藏的东西隐蔽起来。佯装糊涂是为了一个高尚理想而进行欺骗，以佯装情况并非真的如此的模式进行生活。克罗齐在1926年12月15日的一则日记中再一次借由阿奇托的这

[①] 参见《论托尔夸托·阿奇托的〈诚实的佯装〉》，收录于《十七世纪意大利文学》，第二版（*Nuovi Saggi sulla letteraturea Italiana Del Seicento*, 2nd ed），拉泰尔扎出版社1949年版，第86—94页。

本著作来回应当时的法西斯主义政治环境。他写道:"所以,我们必须得活着,佯装世界在按照我们的理想前进。我们应该记着《诚实的佯装》这本17世纪的小书,记着书中推荐的那种方法:为了忍受生活而学会自我欺骗。只有这样,我们才可以让内心稍加安稳"。如果在这样的时代坚持艺术、诗歌和历史理想,结果只能是一部否定历史、非历史的历史、伪诗歌的历史,或者假冒诗歌的间接历史,或者说,是一部错误和虚假的历史,一部假装真实、道德和理想的历史。换句话说,也就是"意大利的巴洛克历史。"[1]

---

[1] 吉纳罗·萨索(编):《贝内戴托·克罗齐工作日记》,风车出版社1989年版,第100页。

第三章

为美学命名

　　1902 版面世的《美学》令克罗齐一举成名。后来的评论家们提出，克罗齐凭此作让一直被实证主义以及中世纪思想所禁锢的美学松了绑[1]。不过，几年之后，克罗齐出版了《美学纲要》，更新自己的美学观点，将《美学》中的观点称为"旧美学"，并提出艺术是一种宇宙力量，因此要以"整体性"特征界定艺术[2]。显然，克罗齐后期试图重新界定美学，并提出了抒情特色是艺术的本质这一概念。他后来的这些举措似乎令其早期美学成就黯然失色[3]。

　　后期出现的这些变化似乎表明回归克罗齐早期美学没有多大意义，我们似乎只需要对《美学》内容以及早期的变革特点稍

---

　　[1]　关于克罗齐美学的英文介绍可参考吉安·奥西尼撰写的《贝内戴托·克罗齐的艺术哲学及文学批评》，南伊利诺大学出版社 1961 年版。亦可参考柯林·利亚斯为《贝内戴托·克罗齐：作为表现科学以及普遍语言学的美学》一书英译本撰写的译序，剑桥大学出版社 1992 年版。

　　[2]　参见《美学纲要》（*Breviario di Estetic*）一书的序言。克罗齐在序言中写道，《美学纲要》一书集中了包括 1902 年《美学》在内的所有前期作品中重要的美学概念。此书的第一个英译本由道格拉斯·爱因斯列翻译，译名为《美学纲要》（*The Breviary of Aesthetic*，德克萨斯出版社 1912 年版）。爱因列斯后来对此译本加以修订并以《美学本质》（*The Essence of Aesthetic*）之名重新出版（海涅曼出版社 1921 年版）。

　　[3]　参见克罗齐《直觉及抒情艺术的特征》（"L'intuizione pura e il carattere Lirico dell'arte"）一文，收录在《美学问题以及意大利美学史》（*Problemi di Estetica e contrituti alla storia dell'estetica Italiana*），拉泰尔扎出版社 1954 年版。

作总结就足够了；就其与克罗齐整体美学思想的相关性或其在当今美学话语中的实用性而言，1902版的《美学》似乎已没有借鉴价值。这似乎是对克罗齐早期美学的恰当评价。然而，事实是，克罗齐后期美学既非是对他早期美学的否定也非本质性偏离。正如评论家们常常言说的，克罗齐的美学观点非常倚重其文学批评，并且取决于他对某一时期碰巧正在研究的某个作家的解读[1]，如果他的美学观点在不断变化，那是因为他想将这些作家纳入他的艺术视野之中，他不断拓展美学定义也是为了使其能够更好地阐释这些作家作品的独特贡献。克罗齐的普遍艺术或艺术整体性概念就是他在阐释阿里奥斯托的《疯狂的奥兰多》时提出的。

另外一个不能忽视克罗齐"旧"美学的理由跟这部著作的含混特色密切相关。《美学》一书中的一切绝非其表象所示，我们在接受文本表层意义的同时要关注克罗齐用来阐释概念的例证。该书中收录的所有文章充分说明克罗齐直接陈述的观点和他所给出的例证之间总是不太一致，这并不是因为克罗齐不知道如何准确表达自己的思想，而是因为他的思想很容易被人误解。很多时候，评论家们并不注意克罗齐在阐释观点时所举的例证，以为它们并不重要甚至毫不相干。此现象可能是由好几种原因引起——或许是因为这些例证本身比较含混；或许是因为这些例证跟克罗齐所阐述的观点貌似不相匹配；或许是因为这些评论家想当然地以为这些例证恰如其分地解释了克罗齐的观点。

导致《美学》中克罗齐直接陈述的观点和所引例证之间不

---

[1] 参见以下作品：M. E. 摩斯为《贝内戴托·克罗齐论文学和文学批评》（纽约州立大学出版社1990年版）一书的英译本所做的序言；吉安·奥西尼著《贝内戴托·克罗齐的艺术哲学及文学批评》，南伊利诺大学出版社1961年版；欧内斯托·卡塞塔著《克罗齐的文学批评（1882—1921）》（*Croce Critico letterario 1882 - 1921*），詹尼尼出版社1972年版；以及马里奥·布波著《贝内戴托·克罗齐的文学批评方法》（*Il Metodo e la Critica di Benedetto Croce*），玛西亚出版社1964年版。

一致的另一重要原因是意识形态性的。克罗齐早期以及后来的美学思想都是在黑格尔美学影响下表达的，换句话说，他的美学观点是在认为象征是高于其他一切艺术表征方式的美学思想框架下表达的[①]。导致的结果是，克罗齐自己的观点和当时默认为美学话语圭臬的黑格尔思想范式之间形成了一种张力。克罗齐美学虽然由黑格尔美学发展而来，但他个人在批评实践过程中对文本日渐深入的理解对其美学思想也产生了很大影响。这种张力隐含在克罗齐的整体美学话语之中，也导致其在《美学纲要》中提出的艺术定义与1902版《美学》中所讨论的艺术之间的不一致。

其实，《美学》一书的副标题，"作为表现科学和普通语言学的美学"，通过将美学等同于语言学，已经对整本书的复杂性、含混性有所明示[②]。将美学等同于语言学是克罗齐美学至关重要的一个特点，但却一直被人所忽视。艺术哲学家和文学批评家常常会认为这是稀松平常的情况而将其忽视，而语言学家常常认为语言学理论的建设和美学无关[③]。将美学等同于语言学意味着美学依赖于一种语言理论并依此运作。由此可见，从一个领域转向另一个领域是可能的，我们的确可以根据语言学来理解美学，反之亦然。此外，将美学等同于语言学这一方法也可以解释克罗齐美学中的含混性特征，因为含混是言语和意义、所言和所指之间关系的内在特征。关于为艺术性命名时不可避免的含混

[①] 关于寓言和象征的论述，参见保罗·德·曼《时间性的修辞》一文，收录于《盲目与洞见》第二版，明尼苏达大学出版社1983年版。关于黑格尔的美学论述，参见保罗·德·曼《黑格尔美学中的符号和象征》，收录于《美学意识形态》，明尼苏达大学出版社1996年版。

[②] 此处所参照的是此作第十一版，《作为表现科学以及普通语言学的美学》(*Estetica come scienza dell'espressione e linguistica generale*)，拉泰尔扎出版社1965年版；英文参照柯林·利亚斯的译本——*The Aesthetic as the Science of Expression and General Linguistics*, Cambridge University Press, 1992.

[③] 参见圣帝诺·卡瓦丘蒂《贝内戴托·克罗齐的语言学理论》，玛佐拉蒂出版社1959年版。

性，克罗齐自己曾经举过一个很有说服力的例子："譬如，有两幅画，一幅只是画家对某种自然物体的临摹，缺乏灵性，另一幅富有灵性但其艺术客体却并非自然存在物。当面对两幅画时，有些人会称前一幅为'现实主义'作品而后一幅为'象征主义'作品。与此相反，另外一些人会将引起人们强烈情感共鸣的、再现日常生活场景的一幅画称作'现实主义'作品，而将那些冷静的寓言式画作称为'象征主义'作品。显然，第一种情景中的'象征主义'意指'艺术的'，而'现实主义'则意指'非艺术的'；而第二种情景中的'现实主义'意指'艺术的'，但'象征主义'则意指'非艺术的'。所以，自然而然地，有的人坚定地认为艺术的真正形式是象征性，而现实性的是非艺术的，而有的人则认为现实主义是艺术的，而象征性是非艺术的。这难道不奇怪吗？那么我们为什么不假定这两类人是在完全不同的意义上使用这两个词语，因此认定这两种说法均为正确呢？"（78）厘清常用来定义艺术的各种术语的确切含义、厘清各种术语承载着人们对"艺术性"和"非艺术性"的怎样的认知都非常困难，这就导致了为艺术命名，对艺术进行确切定义的不可能性。"艺术性"的称谓往往并不对应真正的艺术性思想，言说往往并不对应某个确切的、毫不含糊的意义。陈述和所陈述的意义之间总是存在差距，所以，我们永远不应该想当然地以为所言真实地表达了所要表达的意义。

这种情况决定了解读克罗齐1902版《美学》，以及他的其他美学和文学批评作品的方式。虽然大家公认克罗齐是一个表达清晰的思想家，但他也很清楚，阐述"艺术"等重大概念时不能完全依赖于充满任意性的文字，还得紧紧依靠含义清晰的例证。这也造就了克罗齐哲学的诗性风格：大量使用隐喻性表达，以便将他对艺术的思考更明晰地传递给读者。

克罗齐论述艺术表征问题时很关键的一段话可以很好地说明

这点。他提出，艺术是模仿这个说法需要进一步解释，因为"模仿"的含义并不明确。如果是指模仿自然，那么这种说法亦对亦错。如果我们将其理解为是表征对自然的直觉，或者说，模仿构成了一种对自然的知识形式，那么这个说法就是正确的。此外，"表征"或者"直觉"之类的表达也需要进一步讲清楚。克罗齐认为，模仿绝对不是对自然或本源的刻板复制，而是一种抓住了本源的最理想形式的艺术表征。对于那些仅限于机械复制本源事物的表征类型，克罗齐持批判态度。他写道："但是，如果认为模仿自然的意思是说艺术是机械复制，是人的澎湃情感并未被自然物体唤醒之前对自然物体的完全照搬，那么'艺术是模仿'这一说法显然是错误的。"（20）我们首先要避免将艺术混淆为艺术所描绘的自然物体。真正的艺术并非对本源物体的照搬，而是对其进行直觉式或理想化的表征。艺术必须是作为艺术本身而非对其他某种东西的复制而得到认可。所以，艺术所突出的是艺术表征的直觉式或理想化特征。

在对"艺术是模仿"这句话的含义是什么不是什么加以区分之后，克罗齐进一步举例解释何为美学何为非美学的问题，摘引其中一重要段落如下："蜡像模仿真人，伫立其前时，我们往往会误将其当作真人而感觉错愕。但是它们不会带给我们艺术直觉。错觉或幻象和宁静的艺术直觉毫无关系。但是，如果某位艺术家以蜡像馆场景为对象绘制了一幅油画，或者某位演员在舞台上为了反讽效果而假装自己是尊蜡像，则我们拥有了一件具有艺术直觉的精神作品。如果摄影具有一些艺术价值，那肯定是因为其中加入了摄影师的个人直觉、视角、态度以及他意欲捕捉的情景。但是一幅摄影却没法成为一个真正的艺术品，因为其中的自然元素没法被彻底消除，而且自然元素永远是摄影作品中的首要元素。事实上，有哪一幅摄影，哪怕是最成功的，能给予我们满足感呢？有哪一幅摄影是艺术家不想对其进行改造，或添加或移除一些元素于其中的呢?"(18)我们在类似杜莎夫人蜡像馆这样的地方看到的那些模仿活人的蜡像,其目的是完全复制名人的相貌,因此不能称为艺术品。我们在面对这些蜡像时由于其逼真性而产生的吃惊并非艺术体验。对克罗齐而言,让人产生错觉并非艺术特征,艺术必须自带其特色。

然而,如果同一尊蜡像在一幅油画中被加以绘制,并被嵌入画框之中,其结果则是艺术。同样地,如果一位演员在舞台上为达到反讽效果假装自己是一尊蜡像,其结果也是艺术。这两种情况下的创作都具备精神维度和艺术直觉,能够产生艺术快感,从而使其成为艺术品。当我们面对这样一位画家或者演员时,我们毫无疑问面对的是艺术品。此类作品虽然与其艺术对象具有相似性,但它们是独立存在的艺术创作,具备艺术直觉,表达的是一种理想。油画的边框以及演员所处的舞台不会误导观众将艺术虚构当作真实,相反,会把观众的注意力引向艺术作品中直觉性或理想化的内容,引向艺术作品本身。克罗齐明确指出,油画或者表演的重要性远胜于它们所模仿的对象,关键的是在蜡像中或演员的表演中所展示的艺术家的直觉和理想。这些艺术形式指向一种自足的、独立于所模仿对象的艺术表征类型。

此外,克罗齐对摄影的阐释也是他的艺术概念的完美诠释。克罗齐认为摄影不能被当作真正的艺术,因为它所采用的媒介使它不可避免地成为对自然物体的模仿,自然元素是它最明显的特征,不可能被去除。只有当称得上艺术家的某位摄影师对拍摄对象通过删减或补充进行一定的调整之后,摄影才能称之为艺术。换句话说,只有当艺术家将他自己的艺术直觉放进摄影之中并使这种直觉成为统摄自然元素的主导因素之后,摄影才能成为艺术。这就意味着,摄影必须是独立于原型的独立存在,是艺术家根据自己的理想所进行的再创作,其中的自然元素从属于艺术意图。

因此，如果象征是指与模具或原型完全相同的刻板模仿，那么克罗齐美学中的模仿概念不是象征性的。在克罗齐看来，艺术表征是独立于原型的，只有当表征传达了一种统领自然元素的直觉或者理想时才能称之为艺术表征，所以，他的这种模仿概念可以被称作是寓言式的。

既然逼真到可以乱真的蜡像依然需要镶嵌一个边框来彰显其艺术品身份，那么我们可以说，艺术就是寓言。事实上，如果要让一件作品成为艺术作品，要让其被当作艺术而非自然物体来加以欣赏，则需要从双重视角对其进行欣赏，将其既当作一个意象，又当作一种直觉的表达或表征。由于这一原因，艺术欣赏常常会引起冷静的智性反思，可以防止我们误将意象当作难以带给我们艺术直觉的真实物体。

但是，将美学命名或定义为寓言有悖于克罗齐公开表达的观点。克罗齐否定寓言，认为寓言不能进入艺术领域。他曾经提出，如果说"艺术是象征"这种表达意味着艺术表征与艺术直觉密不可分、甚至等同于艺术直觉，那么艺术就是象征性的。他写道："艺术只有一种基础，艺术中的每一种要素都是理想化的，因而也是象征性的。"（38）但是如果象征被认为与艺术直觉无关，如果象征与被象征之物之间没有关联，那么我们所面对的不是艺术象征，而是那种被称作"思想错误的寓言"（39），他写道："当所谓的象征成为一种抽象概念，那它其实就是寓言，或者是科学，或者是模仿科学的艺术。"（39）造成这种矛盾的主要原因是艺术定义的内在含混性。由于美学和语言学是相通的，所以问题就出在语言的非象征性本质之中。根据语言理论，语言是符号而不是象征。本文开篇所引用的那段克罗齐原话间接指出了这一点。他提出，解码美学符号是不可能的，因为这些符号对不同的人而言具备不同的含义。克罗齐在其《美学》中试图通过确立艺术和艺术性的定义来消解符号的任意性，但这种做法本身却依赖于艺术即符号这一理论。

　　克罗齐的艺术观似乎是赞同艺术的寓言性的，但他同时又拒绝接受寓言性艺术理论，其原因恰恰在于符号的任意性。我们没法对艺术和非艺术进行绝对区分，所以，对于任何一种艺术理论来说，寓言可能是个危险的范畴。事实上，在克罗齐看来，唯一能接受的寓言就是那种"完全没有危险性"的寓言。此类寓言之所以没有"危险性"是因为它携带着一个巨大的"符号"，向读者解说了某个意象的含义。此类寓言的意象附带一种解释，向读者解释诗人的意图。以蜡像为例，这就如同在蜡像上悬挂一个标签来解释它们的寓意，为它们"加上'仁慈'或'善良'之类的解释"（39）。然而，正如我将在第五章所讨论的，此类所谓的寓言压根就不是寓言，而只是一种寓言式解读，是对诗歌的附加修饰，而非内在于诗歌本身。

　　克罗齐否定寓言的这种做法在整个欧洲的美学传统中一直存在，在黑格尔的《美学》中尤为明显，黑格尔将象征推崇为最杰出的艺术形式，而将寓言贬为非艺术。在收录于《美学新论》（*Nuovi Saggi di Estetica*）中的《论寓言的本质》（"Sulla Natura dell'Allegoria"）（1922）一文中，克罗齐在回顾美学史时引用了黑格尔批评寓言的名言："黑格尔认为寓言是冰冷贫瘠的，是理性思考的产物而非具象直觉或深情想象的结果，缺乏内在的严肃性，因而平庸俗套，远非艺术。"（332）[1] 这种将寓言边缘化的观点与将艺术和美、温暖以及真情相联系的传统艺术观密切相关，但其实寓言之所以被边缘化是因为真正的寓言是难以界定的。寓言对象征具有一定的威胁性是因为寓言远没有象征那么含义分明。寓言符号需要认真阐释，同时又拒绝阐释。正如克罗齐

---

[1] 但是，保罗·德·曼在其《黑格尔美学中的符号和象征》一文中提出，虽然从表象来看，黑格尔提倡艺术即象征的观点，但他实际也赞同艺术即寓言的艺术理论。

的《美学》所展示的，寓言不可能被彻底拒斥或彻底消除，因为它恰恰是表达赖以存在的语言肌质。事实上，正如克罗齐自己时常强调的，寓言即诗歌表达。虽然否定寓言是象征赖以存在的前提，但这种否定只能存在于幻想之中，因为离开了寓言，就不存在诗歌表达，正如同没有语言表达就没有艺术直觉一样。

从黑格尔思想之维去看，克罗齐的《美学》将美学的本质正确地界定为符号或寓言，这一界定并不否定象征美学，因为象征和寓言不可避免地彼此关联。从这个层面来看，符号和象征以及语言表达和美学表征是一种彼此依赖的主奴关系，一个是另一个赖以存在的条件。正因如此，我们对克罗齐的《美学》及其他作品均需进行寓言式解读，也就是说，需要将它们当作有待解读的符号。因为，被我们称之为"美学"的东西其实只是一个温暖且稳妥的外在，掩饰着一种冷漠且不确定，但富有意义的困境。

1902版《美学》所讨论的另一个重要话题是如何判断艺术的问题，这一问题涉及美学和文学批评之间的关系问题。克罗齐关于观赏者、读者以及批评家如何评价艺术作品的看法不同于传统观点。在他看来，阐释意味着阐释者必须要将自己放置在艺术家的位置上，为了评判一件艺术作品，读者或者批评家必须要和作者或艺术家融为一体，对需要评价的艺术作品进行"再创作"（134），"对作品进行批评、辨认其美丑的判断力等同于创作作品的行为。"（134）艺术创作行为（创造力）和再创作能力（品味）应该是相同的，创造力和品味"在本质上是相同的"（132），他们唯一的区别在于处于不同的环境。批评家在评判但丁或莎士比亚的作品时必须得在一定程度上接近于他们。虽然作家总是比批评家水平更高一筹，但是批评家至少要具备和作家一样的"特质"："我们必须要达到但丁的高度才可以评判他。从经验角度来讲，我们当然不是但丁，但丁也不是我们，但是，在审视、评判他的作品的那一刻，我们和他是合二为一的。只有发生这种认同，我们渺小的灵魂才有可能与这些伟人产生共鸣，并在共同精神中得以成长。"（134）虽然批评家和作家之间存在明显差距，但是批评和阐释得以进行的先决条件是批评家是否具备与创作者"特质"认同的能力。这一步是至关重要的，当然也是很难界定的。因为"认同"这一概念本身是值得商榷的，在评判诗歌或其他艺术品时，"认同"尤为困难，因为我们已经多次偏离了这些作品得以创作时的心理以及历史环境。

奠定了克罗齐美学基础的语言模式有助于我们更好地理解他提出的艺术阐释概念，根据这一模式，语言是符号，而且在本质上是约定俗成的。克罗齐认为，不存在任何自然而然的符号，所有的符号在一定程度上都是逐渐形成的，是由历史因素决定的："自然符号是不存在的，因为所有的符号都是传统形成的，确切来说，所有符号都是有历史条件限制的。"（139）也就是说，我们可以通过孕育了但丁或莎士比亚作品的历史环境来确定他们的诗学符号，当然，这并非意味着克罗齐主张用社会学方法去研究艺术作品或者鼓励人们去研究这些作品形成的历史渊源。克罗齐所说的历史是指连接着过去和当下的传统，正是这一传统使得读者可以"将自己放置到促使作品诞生的场景当中"（139）。克罗齐将此过程称作历史阐释或历史方法。他认为此方法不仅可以产生将作品放置到其创作历史中的"抽象可能性"，也可能"将我们真正置入历史场景之中"（138）。当然了，这种重构从来不会是完美的，但也不是不可能的，"不可能仅仅是偶然的"（139）。

毫无疑问，克罗齐的历史方法所倡导的重构作品本初的艺术直觉的观点是充满了挑战性的，也是值得质疑的。首先，能否根据批评家的想象力和品味"历史性地"重构原初的艺术直觉是很令人怀疑的。几乎所有的克罗齐思想评论者对克罗齐所倡导的这一历史方法都表现出既支持又反对的态度。以著名文学批评家阿尔多·斯卡格里翁（Aldo Scaglione）为例，他在《论克罗齐的文学批评定义》一文中提出，克罗齐的文学批评方法其实就是对艺术作品进行"人文主义"评判，旨在分析其人文内容，并且判断这部分内容是否已被成功转化为形式："其方法从本质上讲是对艺术作品进行人文主义评判，或者说是对作品中人文内容的探索和分析，同时夹杂着对这部分内容的判断，判断此内容是否已经转变为形式或者依然是内容，判断其究竟是诗歌还是非诗歌。"（450）[1] 他指出，对于克罗齐式的批评家而言，要确定某一特定人文场景的主情调只需要探寻"作者的主要情感"（450）即可。

斯卡格里翁虽然基本赞同克罗齐的观点，但是他认为没有哪一种文学批评可以通过遵循克罗齐的原则展开。在他看来，如果克罗齐的文学批评有可取之处的话，其价值在于克罗齐本人作为一个批评家的超常能力，而不是由于他所提出的批评原则的正确性（454）。换句话说，斯卡格里翁反对克罗齐试图用自己的文学阐释来定义艺术的做法，他写道："我所批评的是，他将自己的艺术批评当成了对作品的概念性界定。"（454）斯卡格里翁认为，对一部作品的解释，无论多么贴切，不应该被泛化为对整体艺术的定义。斯卡格里翁批评克罗齐忽视了作品中特定细节之间的关联性，从而破坏了将这些特定细节放置到历史架构中去考量的可能性。斯卡格里翁认为，只有被放进一个宽广、复杂的体系中，作品的独特性才可以被认识到："文学批评必须是文化历史和美学判断的综合。"（455）斯卡格里翁提出，正是克罗齐这种对作品实施"阅读手术"（455）、将其碎片化、割裂为某些抒情

---

[1] 引自《美学与艺术批评学报》第 17 卷，1958—1959 年第 4 期，第 447—456 页。

片段以及另外一些非诗性成分的做法导致其但丁批评引起其他批评家的愤怒。斯卡格里翁引用了克罗齐对《埃涅阿斯纪》中埃涅阿斯的分析①来进一步表达他对克罗齐批评方法的不满，他认为这段分析是手术式阅读的"一个臭名昭著的例证"(55)。

斯卡格里翁提及这篇文章主要是想说明克罗齐对《埃涅阿斯纪》中埃涅阿斯－狄多章节做出了两种极端解读。为了解释埃涅阿斯冷酷面对狄多炽热示爱是合理的、可接受的，克罗齐提出，这种冷酷其实与诗歌中其他部分所描述的埃涅阿斯的性格是相一致的，但他在某些地方又暗示，将这一幕写成这种样子是维吉尔的败笔。斯卡格里翁打趣说，为了让克罗齐满意，维吉尔应该将这首史诗写成两个版本。但是他对此也心存疑惑："如果解开这个戈尔迪之结②能否真的令克罗齐满意？"(456)

虽然斯卡格里翁提出他所引用的是克罗齐碎片化解释文学作品的"臭名昭著的例证"(55)，但实际上，克罗齐写《维吉尔：埃涅阿斯与狄多》这篇文章的目的却恰恰是为了提醒某些批评家应该注意艺术作品的整体一致性，而不是着眼于局部，由此批评诗歌人物在某些特定场合表现不恰当。他为诸如埃涅阿斯、克里昂③、伊阿古④、百手巨人⑤等令人厌憎的文学人物辩护，这些

---

① 这里指的是收录在克罗齐1938年写的《维吉尔：埃涅阿斯与狄多》("Vigilio: Enea di fronte a Didone")一文，收录于《古代诗与现代诗》(*Poesia antica e moderna*)，拉特尔扎出版社1966年版。

② 戈尔迪之结（Gordian knot）喻指无法破解的难题。据说，在小亚细亚的北部城市戈尔迪乌姆的卫城上矗立着一座宙斯神庙，神庙里有一辆献给宙斯的战车，战车的车轭和车辕之间用山茱萸结了一个绳扣，绳扣上看不出绳头和绳尾，要解开它比登天还难，几百年来，戈尔迪乌姆之结难住了世界上所有的智者和巧手工匠。但亚历山大大帝在334年见到这个绳结之后，凝视绳结，猛然之间拔出宝剑，手起剑落，绳结解开。——译者注

③ 索福克勒斯的悲剧《俄狄浦斯王》中的人物。——译者注

④ 莎士比亚的悲剧《奥赛罗》中的人物。——译者注

⑤ 希腊神话中的人物，是天神乌拉诺斯和地神盖亚的儿子，有50颗头100只手。——译者注

人物由于存在一些不受人欢迎的表现而引起一些读者的厌恶，拒绝与他们认同。克罗齐在此文章中提出，对埃涅阿斯等人物做出此类批评是人之常情，但一个批评家不应该这么做，更不应该因为这种情节安排而去批评艺术家。此评论让我们联想到著名批评家弗朗西斯科·德·桑克蒂斯，他曾经批评但丁将弗朗西斯卡①安排进地狱。克罗齐提出，仅仅由于讨厌埃涅阿斯这个人物而批评作者维吉尔"肯定是不可接受的"（56），他反对那些因为维吉尔没有将埃涅阿斯塑造成一个具有诗性美德的人物而批评维吉尔的批评家。

克罗齐在此文中为那些塑造不招人喜欢的角色的作家进行辩护，提出这些作家着眼于作品的整体"协调性"。他把维吉尔设计的埃涅阿斯冷酷面对狄多的情节比作画家为了保持"画面的和谐"（56）而设计的阴影。在克罗齐看来，埃涅阿斯-狄多片段中的埃涅阿斯没有任何不妥之处，维吉尔在此部分所做的性格刻画与整个《埃涅阿斯纪》中其他部分所呈现的埃涅阿斯相一致。埃涅阿斯在此部分的表现是"猥琐的、可憎的、令人讨厌的"是因为"维吉尔想让他这样表现"（56）。他认为维吉尔在此部分对埃涅阿斯的人物刻画是符合"诗歌逻辑"的，其言语和行为是符合埃涅阿斯角色需求的。虽然狄多内心燃烧着炽热的爱情火焰，但埃涅阿斯内心并没有同样的感情，他的唯一目的就是顺利离开那个地方，尽量不让他自己和他的子民受到任何伤害。从艺术角度来说，维吉尔对埃涅阿斯和狄多的艺术表征是没有区别的，两者一样优秀。

所以，克罗齐其实并没有像斯卡格里翁所声称的那样反对维吉尔对埃涅阿斯的刻画。相反，他认为维吉尔所描写的这个场景

---

① 《炼狱》中的人物，和她的姐夫保罗偷情，被其丈夫发现并杀死，死后进入地狱。——译者注

的埃涅阿斯与这个人物在整部作品中其他场景的表现是协调一致的。斯卡格里翁的批评主要是针对《维吉尔：埃涅阿斯与狄多》一文的最后部分的，克罗齐在此部分向他所批评的那些批评家做出让步，认为他们的意见有一定道理。克罗齐所说的是那些让埃涅阿斯找到了自我但同时又支配他的行为的极端环境。换句话说，克罗齐质疑维吉尔将其主人公放置在一个必须得让其表现如此卑劣的环境当中的原因。他认为营造一个不太戏剧性的、能让埃涅阿斯体面地拒绝狄多的场景就足够了。克罗齐认为这是维吉尔的"艺术失误"（63），他提出，维吉尔试图通过安排埃涅阿斯与狄多幽灵的第二次相遇来弥补这个失误，在此次相遇中，狄多拒绝回答埃涅阿斯，转身走向前夫的阴影。

但是克罗齐在《维吉尔：埃涅阿斯与狄多》一文中也再三强调，维吉尔的"失误"并不影响这部作品，埃涅阿斯和狄多的爱情悲剧反倒为《埃涅阿斯纪》增色不少。克罗齐最后得出的结论是，评论家应该学会欣赏维吉尔对埃涅阿斯所做的两种不同的呈现，而不是将两种呈现进行比较，并对其加以挑剔。换句话说，评论家不应该刻意去寻求作品的一致性，应当学会欣赏作品的艺术表征本身，而不是去透析这种表征意味着什么。

所以说，克罗齐对维吉尔的解读跟斯卡格里翁所理解的克罗齐对维吉尔的解读其实是不同的。他绝对不会有像斯卡格里翁所揶揄的维吉尔应该写两部《埃涅阿斯纪》那样的想法的。和斯卡格里翁以及另外一位克罗齐批评者弗洛拉所宣称不同的是，克罗齐并没有倡导将维吉尔作品进行碎片化解读。相反，他批评那些质疑维吉尔对埃涅阿斯这一人物所做的刻画的评论家，强调维吉尔作品的统一性。事实上，克罗齐对埃涅阿斯在与狄多相遇时的反应提出疑问、认为维吉尔没有必要过分夸大地将其刻画成一个冷酷无情的人物也是有其目的的，他想提醒人们关注维吉尔刻画埃涅阿斯这位罗马帝国的奠基英雄的真实意图。有评论家提出，维吉尔意欲通过批评这位象征着罗马帝国的埃涅阿斯来表达自己对罗马帝国的批判[1]。如果是这样，那么将这位罗马人的先祖刻画成一个冷酷无情，精于算计的人物恰好符合维吉尔的意图。克罗齐在其《诗歌与文学：批评和历史》[2][3]一书中又一次谈及埃涅阿斯时表达过类似观点。他写道："维吉尔塑造的'忠诚的埃涅阿斯'并不能像被他抛弃的狄多那样俘获我们的心，但这并不是因为维吉尔将他塑造成了一个忠于国家、肩负道德和宗教使命的人物，也不是由于背叛爱情者不符合诗歌爱好者的胃口，而是因为维吉尔在塑造埃涅阿斯时怀有再现罗马历史的目的。将埃涅阿斯塑造成冷酷抛弃充满深情的迦太基皇后的真实原因在于，维吉尔要在此作品中介绍罗马和迦太基之间互相为敌，交战多年的起因。"（109—110）克罗齐在这里再一次强调了埃涅阿斯-狄多章节的诗歌逻辑，忠于爱情的狄多和冷酷无情的埃涅阿斯之间的不协调不仅仅是个文学主题设计，也是出于历史需求，借此来解释两大帝国之间长期交恶的原因。

斯卡格里翁批评克罗齐的文学评论方法的这个案例可以让我们很好地了解克罗齐的历史文学评论方法以及他的1902版《美学》。虽然《维吉尔：埃涅阿斯与狄多》一文可能并非是可以阐释克罗齐文学批评方法的最好的文章，但是它足以展示克罗齐所做的文学重构以及与所分析文本和作者意图保持高度一致的方

---

[1] 参见肯尼斯·奎恩《维吉尔的埃涅阿斯：一种批判性描述》，路特里奇与保罗出版社1968年版。

[2] 《诗歌与文学：批评和历史》（*La poesia, Introduzione alla critica e storia della peosia e della letteratura*）首次发表于1936年，但本作品对这部作品的引用依据的是阿德尔菲出版社1994年的版本。同时，本作品所参照的英译本由乔万尼·格勒斯翻译，*Poetry and Literature: An Introduction to its Criticism and History*，南伊利诺大学出版社1981年版。

[3] 此作品的意大利题名为 *La Poesia*，如果直译，当为《诗歌》。但是此书中对这部作品的绝大多数引用均依据其英译本 *Poetry and Literature: An Introduction to its Criticism and History*，所以，本译本对作品名称的汉译以英译名为依据。——译者注

法。这种方法首先要求读者接受文本本来的样子，不要对其内容提出自己的要求，不像有些评论家所做的那样去谴责埃涅阿斯的无情或者批评维吉尔的情节安排不符合自己的期望，甚至提出埃涅阿斯应该有怎样的表现或者维吉尔应该怎样去书写这部史诗。克罗齐说，"读到此类批评时，我推测，这些评论家们可能会要求维吉尔让埃涅阿斯发出悲痛的呻吟，哆嗦着说出令人流泪的话。"（56）重构作者的意图意味着，即使我们有不同的期望，但我们首要先接受作品本来的样子。只有这样，我们才可能了解促使作品以这种方式而非另一种方式呈现的诗歌逻辑。

同样地，接受作品本来的诗歌逻辑或者说诗歌结构，并不意味着评论家有意要对作品的诗性和非诗性内容加以分割。正如《维吉尔：埃涅阿斯与狄多》一文所表明的，这种区分只是为了证明，某些看似不可接受的内容其实对应着一种诗歌逻辑或者历史需求。

《维吉尔：埃涅阿斯与狄多》一文也阐释了克罗齐提出的历史重构这一文学批评方法的另外一个很重要的方面，即其非人文主义特征。虽然斯卡格里翁固执地认为克罗齐的文学批评方法是"人文主义的或伦理性的"（452），但事实却恰恰相反。通过克罗齐分析埃涅阿斯的这篇文章我们可以看出，克罗齐明确反对将某种行为准则或道德观念强加到作品中的一个虚构人物身上。克罗齐足够宽容，并没有将这种阅读态度称为"病态情感"，他称其为"一种健康的情感，一种求同的评判，源自真实的人性"（56），但他认为这种态度绝对不适合批评阅读。

上述原因将我们重新带回到了克罗齐1902版《美学》以及之前提及的蜡像的表征问题。评价克罗齐美学理论及其文学批评的部分困难在于，对克罗齐美学理论所做的流于表象的理解使得像斯卡格里翁这样犀利敏锐的批评家也难以对克罗齐的贡献做出恰当评价。借助蜡像的例子所阐释的克罗齐的模仿概念以及艺术表征观点，我们清楚了应该如何评价克罗齐的历史重构方法和批评重构方法。既然艺术表征不是（原文斜体强调）蜡像本身而是对蜡像的表征式"重现"，那么就不应该运用由评论家的个人情感占据主导地位的主观式阅读对其进行解读，评论家不应该根据个人情感来要求作品人物的行为规范。为了确保原作者的艺术直觉不被破坏，或者说为了能够对艺术直觉进行最大程度的批评重构，评论家必须要意识到他所面对的是艺术品或诗歌，一种艺术意志或美学意志的产物。而如果要对原初的艺术直觉进行重构，必须要对形成那种艺术直觉的各种方式加以重构。如果以蜡像为例，那么批评家必须要做的是重构表征蜡像的艺术直觉，或者说要重构演员在模仿蜡像过程中表达自己艺术直觉的各种方式。

可以说，克罗齐在1902版《美学》中所表达的这种模仿概念为我们提供了一个理解他的文学批评理论的框架。由于非常强调艺术的独立性，该框架使得重构原作者的艺术直觉成为可能。对艺术作品的判断和重构只能根据作品本身进行，除此之外，既不能依据貌似符合作品的某种模式，也不能依据跟作品可能相关的某种心理、社会或历史语境。虽然这些语境在某些情况下可能是有用的，但它们并不重要。只有当这些语境是作品的一部分，或者是作品本身时才具备重要性。当这些语境是作品的一部分时，语境是作者艺术直觉的表现、是作者艺术意志的表达、是艺术家在根据自己的直觉再现和塑造蜡像时所做的改造。

一旦确立了艺术的本质是寓言性的这一前提，一旦理解了艺术作品的独特本质，只要严格遵守作品的表征模式，对作品进行重构就会成为可能。这就要求遵守克罗齐所坚持但却常被别人，包括斯卡格里翁所批评的一个原则，即排除法原则。根据这一原则，表征、艺术、美以及抒情性是根据否定性原则判断的，即根据它们不是什么而不是它们是什么的原则判断的。克罗齐所使用的这一排除法或曰否定剔除法原则是为了排除任何一种不以作品本身为依据来定义作品的批评方法。让重构作者原初直觉的历史重构方法成为可能的唯一办法就是排除所有传统上定义美学的伪概念。这些概念对于理解作品毫无意义，反而会扭曲作品，令其含混不清。针对那些期望能从他那里读到详尽的艺术理论但却只看到一薄本讨论艺术不是什么的概要而批评克罗齐的人，克罗齐答复道，阐释美学的皇皇巨著往往与美学本身无关，而只是撰写者的心理投射。事实上，如果根据以上所提方法对美学进行定义，所需要做的只是书写一部美学史，以免读者误将非美学的东西当作美学。当然，正如克罗齐的做法所证明的，这并不是一件容易的事。

克罗齐的文学批评实践是他的文学理论的最佳说明，他将自己的美学理论应用到这些文学文本批评之中。当然，他的文学批评实践绝非是对其理论的简单应用，而是一个动态的、辨证的过程，在此过程中他的理论引导着实践，而实践同时也确定了他的理论。克罗齐的多元美学反映了对其文学理论的频繁实践，该理论在实践过程中允许批评实践对其进行修订和完善，以寻求以一种更加精确的美学体系来对其进行表述。这正是克罗齐1936年出版的最后一部美学著作《诗歌与文学》的使命。

第四章

为诗歌命名

出版于1936年的《诗歌与文学》是克罗齐美学思想的集大成之作，也是对1902版《美学》的延续。此书多处谈及1902版《美学》，尤其集中于对其中提出的模仿概念的进一步探讨。他写道："将模仿理解为复制是非常幼稚的知识理论，很容易遭到驳斥，这一理解将获取知识的行为置换为知识的双重对象。多年里，艺术领域的人们在驳斥复制理论时常常提到这一观点：蜡像虽然会让人误以为是真人，但却既不是油画也不是雕塑。"（10）克罗齐在此书中进一步指出，对于诗歌或者其他任何艺术形式而言，将模仿当作复制是不可能的，因为没有任何可供复制的模型是先于艺术形式而存在的。"诗歌不能复制或模仿情感，因为情感虽然在自身领域有一定形式，但当其跟诗歌交集时是无形的。情感没有任何确定性，是混乱的，因此也是虚无的。"（10）模仿即复制的观点在诗歌和艺术领域基本是不容考虑的，因为诗歌和艺术是自身创造自身，它们是问题亦是答案："如同其他任何一种精神活动，诗歌同时创造问题和答案、形式和内容。后者永远处于形构当中，并非是无形的材料。"（10）作为"对情感的赋形"，诗歌并不依赖于情感，相反，诗歌是情感被赋形后的产物。这些观点表明《诗歌与文学》延续了克罗齐在1902版《美学》中所提出的模仿概念，认为对艺术的评判只能根据其表征模式进行，艺术的所指是艺术本身。他借用歌德的话，认为艺术是"场合性的艺术"，依赖于其获得"动机"和"主题"的具体时刻。他进一步以歌德为例提出，通过将令他烦恼、痛苦或高兴的一切转化为"意象"（13）、诗歌或艺术，歌德获得了个人解放："他（歌德）说，他常常通过被称作'宣泄'的行动，将自己从各种令他或喜悦或痛苦或烦心的事物中解脱出来，获得净化。也就是说，借助诗歌获得净化。"（13）通过歌德的例子，克罗齐将模仿概念和古典的宣泄概念结合在了一起，并且暗示，这两者之间的结合是亚里士多德《诗学》的关键内容。

克罗齐在《诗歌与文学》中多次谈及 1902 版《美学》并非任意而为，而是为了强调，虽然过去这些年里美学概念被人进行过反复界定，但他的艺术或诗歌概念却始终如一。他坚信，他对艺术的理解完全是由模仿概念确定的，这也是任何一个时代界定艺术的基本原则。《诗歌与文学》是对 1902 版《美学》的补充和延续，补入了一些《美学》所遗漏的内容，同时对《美学》中被人忽视的内容再次加以论述。克罗齐在《美学》中的聚焦点在于界定美学的本质以及对美学和假美学进行区分。而在《诗歌与文学》中，他对那些被归入非诗歌或假美学类别的各种概念重新加以分析，逐一进行解释。他将这些美学范畴之外的概念区分为情感性表达或直观表达、散文体表达、口头表达等，而且将它们全部纳入文学总范畴①。

《诗歌与文学》中的"非美学形式"指不能被纳入诗歌范畴或与诗歌不同的其他各种表达方式。那些使用"哦"、"奥"、"啊"之类的叹词来表示激情澎湃的表达只能是感伤表达或直观表达，而诗歌表达将情感转化成一种知识形式，将特定情感与普

---

① 克罗齐在《诗歌与文学》中提出的"文学"概念与我们今天所理解的该词含义是有区别的。在这部作品中，"文学"指的是抒情诗之外的其他文学形式，是非诗歌、非美学表达，其重要性也弱于诗歌。——译者注

遍情感结合到一起。诗歌表达和散文体表达的区别犹如"想象和思想、诗性和推理"之间的差别（22）。散文体表达旨在区分真假，不在借助"意象"来表达情感，而在借助"概念象征或符号"来"区分思想"（25）。在诗歌表达中，意象独自存在于由某种特定情感形成的连贯性当中；在散文作品中，意象是被思想推动着的，借助思想的"隐形线索"（26）来构成其连贯一致性；而口头表达则脱离了表达的修辞之维，是代表实际行动的表达模式。

《诗歌与文学》的真正独特之处在于"文学"或"文学表达"这一概念的提出，文学表达不同于其他任何一种表达，亦不同于诗歌。文学表达不属于其他表达的精神领域，而属于"另外一个精神层面"（42），他提出："文学表达源自某一次特定的精神活动，呈现出特定的气质和直觉。"（40）这"另外一个精神层面"（42）将文学表达放置于诗歌王国之外、文明和教育王国之内。文学的角色和功能就是使各种非诗歌表达和诗歌表达和谐共在。文学扮演着调停者或中介角色，掌控着诗歌和非诗歌之间的微妙平衡，确保诗歌不被非诗歌奴役，确保"诗歌或艺术意识不被非诗歌表达所侵犯"（41）。作为文明化的中介，文学能够维持诗歌表达和非诗歌表达之间的平衡，确保前者不会被后者挤兑或伤害。在1902版《美学》中，克罗齐将所有非诗歌或伪美学概念从他的美学中驱逐出去，而在《诗歌与文学》中，他为这些概念找到了一个稳妥的地方，将它们安置在"文学"这一概念之中。这个概念下汇集着散文体表达等非诗歌表达。文学概念所要解决的不仅是保证诗歌和非诗歌之间的"文明化"（41）平衡，而且还要解释如何区分诗歌与非诗歌。在《诗歌与文学》中，通过将非诗歌表达辖入文学这个总括概念之中，克罗齐完成了对非诗歌的解释。虽然文学本身不是诗歌，但却能够协调诗歌与非诗歌的关系。从这个层面来说，《诗歌与文学》可以被看作是1902版《美学》的加强版，引入"文学"这一概念，用此概念涵盖了他早期美学观点中诗歌和非诗歌之间存在的各种矛盾。以下引用可充分证明这种情况："在我早期的美学科学研究中，我拒绝诸如形式即'外衣'、美是添加在'素体'表达上的'装饰'之类的概念，分析了此类概念的矛盾和荒谬。我指出此类概念其实和分辨艺术形式无关，只是出于所谓'方便'考虑的权宜做法。我的判断无疑是正确的，因为此类概念是为了讨好两个完全不同的领域而做出的实用主义结合，并且被修辞学家、诗学家、美学家以及批评家很不恰当地放进了诗歌领域，改变、腐蚀了这个领域的本质。不过年轻时过于激进的我忘了去设问，那些诗歌领域无法容忍的东西是否在另一个领域是可以接受的？这个领域肯定是存在的，否则此类错误概念就不会出现，错误往往是在将一个领域的概念转向另外一个本质迥异的领域时出现的。我一生的学习和人生过程中都在不断地纠错，在对青年时期的激进思想进行矫正之后，我现在找到了那个一直在寻找的领域，即'文学表达'。"（42—43）这段话让我们看到了克罗齐初期和后期之间美学思想的转变，也让我们明白了，克罗齐之所以早期抛弃那些"错误概念"是因为他认为这种概念是修辞、诗歌、美学和批评的混乱组合。而他后期找到了解决这种错误的方法：将修辞性和批评性表达放回它们本应该所在的领域，即文学领域。

这样一来，文学就接纳了非诗歌表达以及那种呈二元格局，将概念当作"外衣"，将美当作添加在"素体"表达上的"装饰"的寓言式表达，而克罗齐在1902版《美学》中拒绝接受这类寓言。克罗齐在《美学》中其实讨论了两类寓言，一类他认为只是附加在诗歌表达上的外在的东西，因此也还是可以接受的。而另外一类寓言却对美学造成了极大威胁，甚至完全替代了后者，因此也是遭到克罗齐的彻底否定。现将《美学》中表达了此观点的相关段落全文引用如下:"我们发现,有时候象征性被当成了艺术的本质。如果象征被理解成与艺术直觉难以分割的东西,那它实际已成为具有理想主义特征的直觉的同义词;艺术的根基只有一个,其中所包含的一切均为理想主义的,所以也是象征性的。然而,如果象征被当作一种可分离的元素,将某一部分分离为象征,另一部分分离为被象征之物,那我们其实犯了一个思想错误:将象征仅仅当作表达概念的一种方法,这其实就是寓言,或者说是科学,或者说是假扮科学的艺术。"(38—39)

但是克罗齐认为那些在诗歌成型后附加在诗歌上的解释是"无伤大雅的"寓言:"但是我们必须要公平对待寓言,必须得指出,寓言在某些情况下是无伤大雅的。以《耶路撒冷的解放》[1]为例,我们完全可以明白其中包含的寓言;以马里诺的《阿多内》为例,这位放纵不羁的诗人暗示,其诗歌意在阐明'放纵之极,终于悲凄';以一位美女的塑像为例,雕刻家可以在塑像上附加标签,注明该塑像代表着'慈祥'或'善良'。这种附加在一部完整的作品上的寓言式阐释并不会改变原作。那它究竟是什么东西呢?它仅仅是添加在一个现有表达上的另一个外在表达。譬如说,诗歌《耶路撒冷的解放》后附有一小段文字,补充表达诗人的另一种思想;《阿多内》后附有一小节诗,进一步解释诗人希望读者如何解读这首诗;而在那副美女雕塑上,则镶嵌了诸如'慈祥'或'善良'之类的词语。"(39)如果寓言只是附加在已完成作品上的另一个部分,意在进一步说明作者希望读者如何理解作品本身,那么这样的寓言则是"无伤大雅的",或"文明的"是可接受的。这样的寓言式表达在《诗歌与

---

[1] 《耶路撒冷的解放》(*Gerusalemme Liberata*),叙事长诗,由意大利诗人 T. 塔索(Torquato Tasso)所著,塔索是文艺复兴运动晚期的代表。出身富有文化教养的家庭。大学时期学法律,但对古典文化和哲学十分热爱,跟人文主义者交往甚密,深受阿里奥斯托影响。——译者注

文学》中被归纳在"文学"之中，是那种可以对作品内部和外部、形式与内容之间进行做出协调的内容。换句话说，被克罗齐在其早期美学论述中称为"无伤大雅的"寓言，在这部后期美学作品中被称为"文明的"或"有教养的"寓言。前一种称谓有利于他阐释美学，而后一种有利于他辨别诗歌。这两部美学著作最大的区别在于前者彻底排斥寓言，而后者开辟了"文学"这个新的美学范畴，并将寓言归入其中。

其实，克罗齐的前期和后期美学互为镜像，他后期提出的文学概念是早期美学更加"文明的"、"有教养的"、"成熟的"版本。文学是克罗齐后期为无伤大雅类型的寓言找到的一个体面的名称，而在其早期美学中并没有为之找到一个合适的批评术语。从这个层面来说，克罗齐在《诗歌与文学》中将寓言称为文学的做法是一种命名行为，一种"予物以名"（131）的行为。这是克罗齐批评方法的基本特点，命名行为使得诗歌与文学、美学与非美学以及诗歌和非诗歌之间的区别成为可能。

不过，我们前面所提到的两种寓言中的第二种并没有被纳入文学范畴。这种寓言认为艺术可以被割裂为象征和被象征之物、符号和符号所指物。克罗齐是不会允许艺术定义中存在此类分裂的，因此也没有在他后期美学体系当中对此类寓言概念进行系统阐释。

但是，克罗齐在《诗歌与文学》中所讨论的散文体表达与那被他在《美学》中称为"思想错误"的第二种寓言有所相关。他提出，与被归入"文学"总类的其他各种表达不太一样的是，散文体表达本身是反美学的，与诗歌或诗歌表达是对立的："散文体表达和诗歌表达之间的差异如同思想和幻想，推理与赋诗。"（24）他认为散文体表达完全属于实用和哲学领域，因此非常有必要将其与诗歌表达加以区分，否则可能会误将哲学等同于诗歌，或者"让诗歌屈从于哲学"（24）。但事实是，是诗歌给予了哲学源头和活力，而不是相反的过程。所以这种"扭曲"不仅会本末倒置，导致错误理论的形成。而且，如果将诗歌屈从于哲学，就等于为诗歌判了死刑，他提出，"一旦进入批判理性和现实领域，诗歌就会终结。"（23）克罗齐的这番话是围绕着如何解读诗歌内在的理想主义和理论性展开的。克罗齐承认，诗歌中"有且必须有一定的批评思想在起作用"（25）。也就是说，批评内在于诗歌之中，并且完善和美化了诗歌。克罗齐同时也指出，这句话是个隐喻，对其简单地加以字面理解是有问题的："但是我们不应该忘记，这里所说的'批评'是个隐喻，如果将其与真正的批评概念相混淆，就会扭曲成为一种文字游戏，会使诗歌黯然失色，或者说，会让诗歌死亡。"（23）对克罗齐而言，内在于诗歌本身的批评思想并非是真正的批评，而只是隐喻意义上的批评，因此与诗歌是一体的："比喻意义上的批评其实就是诗歌本身，这些批评思想如果不进行自我管控、内在调节、不经过反复的吸纳与抛弃，则不可能实现其批评功能。"（23）内在于诗歌的批评思想是整个诗歌意义生成过程的必要部分，克罗齐将其比拟为女性生产过程中必须经历的阵痛，并且反问，我们是否应将创作时经历的那如同女性分娩时遭遇的疼痛称作"分娩式批评"（25）？同样地，一个诗人在生产其诗作时所经历的痛苦和反思式批评也应该被当作整个诗歌创作过程的一部分，而不是有损于诗歌基础的批评。

在克罗齐看来，散文体表达的核心问题在于误将隐喻当作其字面意义，而这一错误导致的后果是在形式和内容、诗性表达部分和哲学思辨部分、表达本身和其所表达的内容以及符号和符号所指物之间形成割裂。

散文体表达的这种双重性显示了其寓言性，而在 1902 版《美学》中，克罗齐拒绝承认寓言的语言身份。根据克罗齐早期美学思想，美学理论也是语言学理论，因为美学表达就是语言表达本身，但散文体表达不属于这种情况，散文体表达只具备符号身份："散文体表达只是一个象征或符号，是情感的自然呈现，因此并非真正的语言。只有诗歌表达才是真正的语言。这一事实也解释了为何我们有以下两则古老的谚语：'诗歌是人类的原初语言'；'诗人的诞生远早于散文作家'。"（27）

克罗齐提出，散文体表达和诗歌意象的区别在于前者不具备诗歌表达的自足性，而只是其所指对象的一个符号。所以，诗歌理论的依据是语言是象征这一理论，而散文体表达的依据是语言是符号这一理论。在诗歌表达中，意象是独立存在的、不依赖于任何其他因素的宇宙的象征。而在散文体表达中，一个表达只是被表达之物的一个符号、是非自足的、不独立的。克罗齐在这里所说的象征其实也就是寓言，一种指向自身之外的他物的表征。在《诗歌与文学》一书的注释部分，克罗齐进一步解释这一观点。他拒绝将诗歌作为指代其他事物的一种符号、象征或者寓言："诗歌从来不是一个'象征'，一个指征他物的符号。诗歌并不是宇宙的象征，诗歌本身就是一个宇宙。我有时候使用'象征'一词只是一种比喻的用法，概指诗歌的非现实主义特点。"（26）克罗齐提出，诗歌不是其他事物的象征或寓言，它本身就是自己所表征的宇宙。在《诗歌与文学》一书中，克罗齐对寓言所做的批判是在一则外在于作品正文部分的脚注中进行的，他在脚注中将寓言称为一种与温暖的艺术书写毫无关系的密码式书写："寓言：我们在讨论各种表达形式时均没有提及寓言，因为寓言不属于精神展示范畴，而只是一种密码。"（40）克罗齐认为诗歌表达以及诗歌作品中弥散着温暖，而散文体表达中透出寓言的"冰冷"[①]。

[①] 将寓言定义为冰冷僵硬的表达是典型的黑格尔思想。对此问题的论述详见第三章。

散文表达的含混性使其对诗歌表达以及美学理论造成干扰，这是 1902 版《美学》所讨论的核心问题，也是克罗齐毕生思考的美学问题之一。在《诗歌与文学》中，克罗齐试图解决此问题。他把对寓言问题的讨论转换为对散文表达的特有问题的讨论，同时引进"文学"概念来涵括除了诗歌之外的其他各种含混表达。这样一来，诗歌和文学被划分为两个完全不同的领域，克罗齐也似乎借此成功区分了诗歌和非诗歌、象征和寓言。乔万尼·格勒斯对此书名的英语翻译《诗歌与文学》似乎也暗示了这点。

从理论层面来说，克罗齐撰写《诗歌与文学》的目的是解决 1902 版《美学》中存在的含混不清问题，试图对诗歌和散文、美学与非美学、象征与寓言进行明确区分。从这个层面而言，1936 年出版的《诗歌与文学》并非意味着克罗齐艺术哲学思想的进步，而只是通过引入文学概念来解决多年来困扰其哲学体系的一些未决问题。克罗齐试图在此书中对概念性的和审美性的、比喻性的和字面性的以及哲学的和诗歌的这几组范畴进行区分。

毫无疑问，克罗齐自己相信他实现了以上目标。他在《诗歌与文学》中阐释的文学概念的确可以让他将非诗歌类表达安置在与诗歌不同的另一个范畴，并可借助文学概念尽可能地协调各种非诗歌表达。但是，至于诗歌能否与文学彻底分离，或者寓言能否被归类为散文体表达并被加以否定，则是令人怀疑的。原因之一是，虽然克罗齐自己宣称肯定象征，否定寓言，但他的美学概念其实并不是象征性的，而是寓言性的，基于语言是符号这一理论之上。这一点我在第三章已经讨论过了。虽然《诗歌与文学》是对 1902 版《美学》思想的延续，通过引进无所不包的"文学"概念来缓和 1902 版《美学》中所使用的"伪表达"或"非诗歌"等过激称谓所带来的负面反应，但克罗齐在此书中似乎对寓言表示出更加彻底的否定。从理论层面而言，他这样的结论站不住脚。我们不满意这一结论的另一个原因是，这样的观点事实上是一种倒退、一种保守反应，与克罗齐那些优秀的文学批评中所提出的大部分观点相矛盾。

其实，分析一下克罗齐在《诗歌与文学》一书中对将历史和小说联结在一起的"隐形线索"的讨论可进一步证明将诗歌和非诗歌、诗歌和寓言彻底区分开来的不可能性。他是在讨论小说与历史的差异以及两者之间的显性共同点时论及这个问题的，他写道："如果我们从一部小说中抽出某一页来，并与历史书中的某一页进行比较，我们会发现两者具有相同的文字、相同的文法或节奏，或者相同的意象，看上去两者之间似乎没有区别（着重号为作者所加）（27）"。然而，事物往往并非表象所示，小说中的各个意象之间是凭其直觉形成关联的，而历史著作中各个意象之间的关联却源自"隐形的思想线索"（28），这条线索给予历史作品连贯性和统一性。历史著作中的意象貌似意象，但实际只是些概念："它们貌似意象，但实际是概念，是体现在历史人物和行动中的积极范畴标识，形式多样，辨证对立地发展着。意象具备可以传导到四周的核心暖意，而概念自带寒意，随时会为了保护思想线索而熄灭本可燃烧的诗歌之火，为了实现目标，会对其加以拉伸、打结或松绑。"（26）小说和历史之间的差异问题其实与象征和寓言以及美学和非美学之间的差异问题是重叠的，无论是哪一种情况，诗歌意象和概念意象之间的差异几乎是难以辨别的，如同"隐形线索"一般难以发觉，那是一种隐蔽概念的"思想线索"，可与诗歌意象以假乱真。意识到这条"线索"便意味着意识到了意象的概念性身份及其寓言式、非美学本源。美学意象努力想成为真正的意象但却不可避免地带有概念性以及非美学性，这是它的困境，克罗齐称其为诗歌意象，但其实是个寓言，预示诗歌不可能完全摆脱非诗歌的束缚。为了说明运用了抒情性表达的作品并非是抒情诗，克罗齐分析了西塞罗的散文，提出西塞罗的散文"具有抒情诗节奏，但却并非抒情诗"（45）。克罗齐的目的在于说明散文体不具备转化为抒情诗的可能性，但他所选择的案例最后却证明，抒情诗本身不可避免地具有散文体特征。他选择歌德的颂歌中那只象征着诗歌的鸟儿为例，它逃离了束缚，但依然携带着束缚过它的那条绳索，他写道："这些典雅的表达如同歌德颂歌中的那只鸟儿，它挣脱了绳索，在田野里飞翔，但却不再是曾经的自己，因为它腿上还捆着半截绳子，标志着它曾经隶属于别人（着重号为作者所加）（45）。"① 这段话寓言般揭示了诗歌意象的命运，如同歌德诗歌中的那只鸟儿，虽然渴望自由，但却永远没法完全撇开那创造了自己、并且否认自己的概念性本源的"隐形思想之绳索"（45）。这个例子本身的命运也值得我们深思。克罗齐本打算借用这个例子来说明散文体表达不具备成为诗歌的可能性，但效果恰好相反，最终恰恰说明抒情诗不可能完全摆脱散文体而获得纯粹的存在。

这个例子不仅说明了克罗齐在《诗歌与文学》一书中所提出的明确区分诗歌和文学以及诗歌和散文这一主张的不可能性，同时也说明，克罗齐认为诗歌意象不同于散文意象的观点也是不可能成立的。这并非克罗齐本人的缺陷，而是那些声称可以将诗歌和文学，或将诗歌性的和散文性或寓言性意象进行明确区分的观点本身所存在的缺陷。这些不同类型的意象互相映照、难以区分，诗歌意象必定依赖于散文意象，或者说是依赖于语言即符号这一概念，这一本源偶尔可以被搁置一边，但绝不可能被永久抛弃。以上举例已经明确说明，就在宣称诗歌意象独立于散文意象

---

① 这里所讨论的是歌德早期所创作的一首短诗，题为"An Ein Goldness Herz, Das Er am Halse Trug"。

的那一瞬间，语言同时宣告了这一宣告的错误性。

正是因为这一原因，歌德的那只带着一截暗示自己曾经隶属于别人的绳子的鸟儿的意象，也可以被看作是克罗齐《诗歌与文学》一书中理论思想的意象或寓言。在此书中，克罗齐又一次试图割裂诗歌和非诗歌之间的关联。顺便说一句，这一批评方法也贯穿于克罗齐哲学研究之中，他通过将哲学概念和那些自称为概念的隐喻加以区分的方法来甄别概念和非概念①。在这最后一部正式探讨美学问题的著作中，为了印证诗歌的隐喻性，他试图将概念和隐喻加以区分，但同样未能达到目标。正如我前面已经分析过的，《诗歌与文学》的理论思想赖以依存的基础之一就是诗歌中的批评的隐喻性身份，克罗齐认为诗歌中的批评是隐喻性的，而不是直白的或概念性的。换句话说，虽然这部著作的理论思想依赖于"何为隐喻何为非隐喻"的二元划分。然而，那只歌德的鸟儿的例证说明，对直白的和隐喻的、诗歌和散文、符号和象征、诗歌和寓言进行区分是不可能的。它让我们明白，不管我们何时试图进行区分，那条"隐形的绳索"始终都在那里，永远不可能彻底消失。

克罗齐所谓的"绳索"其实是指联结一篇散文的线索。值得注意的是，在一部题名为《诗歌》（这里指的是《诗歌与文学》一书的意大利书名 *la Poesia*）的作品中，对散文或文学的讨论占据了绝大多数篇幅，而诗歌本身被提及的次数并不多。这一现象暗示，克罗齐自己清楚真正的诗歌是罕见的，而文学却比比皆是。他写道："我们应该从另一个角度来看待诗歌与文学的关系，换句话说，真正的诗歌只能是'天赐之作'，所以并不多见，而文学创作的目标平凡，只需要普通才情即可，所以较为常见。"（80）在其阐述诗歌理论的这最后一部作品中，克罗齐提

---

① 参见第七章论及克罗齐阐释维科的《新科学》部分内容。

出，诗歌是完全独立的、无法重复或再创造的、与文法无关的，文法只会限定诗歌，所以诗歌的存在完全取决于其能否与非诗歌，也就是他所说的文学或散文彻底分离。他认为一个评论家面临真正的诗歌作品时，只能像路易吉·皮兰德娄①的那部戏剧中试图寻找作者的戏剧人物一样，除了对作品顶礼膜拜之外没有其他任何选择。他写道："有一个很有名的类比可以准确描述对诗歌致敬的方式：当我们面对诗歌时，我们应该如同面对着一个伟人，脱帽向其致敬，安静地聆听他的教诲。"（95）被克罗齐称之为"如沐神恩状态"的这一时刻类似于但丁在其《天堂》结尾部分所展现的灵性②。只有极少数对诗歌有极强的理解力和悟性的批评家才能捕捉到这种灵性并对其彻底领悟，这种领悟在实践上基本等同于命名行为，这也是一个批评家至关重要的行为。他需要对诗歌和文学加以区分、分别为其命名，捕捉到不易察觉、转瞬即逝的诗性时刻，并为其恰如其分地赋予诗歌之名，正如克罗齐自己所说："因为'予物以名'、或者说给有诗歌和文学之实的物体命名这项工作是如此多变、如此伟大，所以一个人必须要经历各种努力和苦行才能胜任。"（131）只有经历命名这一带有神圣意味的行为，让其与非诗歌分离之后，诗歌才能得以存在。这就是克罗齐《诗歌与文学》的使命，让诗歌从其他各类表达形式中分离出来③。

---

① 路易吉·皮兰德娄（Luigi Pirandello）（1867—1936），意大利小说家、剧作家。1934 年获诺贝尔文学奖。——译者注
② 类似的诗歌概念，请参阅本书第五章。
③ 关于诗歌与寓言之间错综复杂的关系，以及诗歌存在的详细讨论，请参阅下一章。

第五章

寓言：但丁

克罗齐在《论但丁诗歌》[①]一书中对但丁《神曲》的解读在北美洲引起了足够多的学术关注，欧内斯托·G.卡塞塔当称最关键的一位学者[②]。卡塞塔在其著述中详细介绍了促使克罗齐突然进入但丁研究领域、发表令当时和今日的但丁研究者们愤怒的观点的思想背景以及美学背景[③]。卡塞塔强调，作为一名哲学

[①] 参见克罗齐《论但丁诗歌》(*La Poesia di Dante*)第一版，拉泰尔扎出版社1920年版。也请参见克罗齐后期写作的《再论但丁诗歌》，收录于《诗歌艺术》(*Letture di Poeti*)，拉泰尔扎出版社1950年版。在此文章中，克罗齐在时隔28年之后总结了学者们对他早期理论的各种反应，并对批评者们进行了回应。另请参见《〈神曲〉的最后章节》一文对《天堂》第三十三节所做的解读，收录于《古代诗与现代诗》(*Poesia Antica e Moderna*)，拉泰尔扎出版社1966年版。《哲学话语》(*Discorsi di varia filosofia*)（拉泰尔扎出版社1945年版）一书中第153—164页对《天堂》三十二节所做的解读也有一定参考意义。此外，在《诗歌与文学》一书的第六章，克罗齐又一次讨论了诗歌和结构之间的关系。此章中对《论但丁诗歌》的引用均来自由道格拉斯·安斯利翻译的英译本 *The Poetry of Dante*, London: George Allen & Unwin, Ltd., 1922。部分引用有所改动。

[②] 这里主要说的是卡塞塔分析这一问题的第一篇文章《论克罗齐评但丁》，载《但丁研究》1971年第89期，第73—91页。但其实卡塞塔后来还发表过不少相关文章，其中包括在《但丁研究》的最后一期，即1988年的第106期，发表的《克罗齐论但丁》一文（第69—80页）；此外，卡塞塔还对克罗齐阐释《神曲》的各个阶段做过综合整理；他还撰写过《论但丁》一文，收录于《评论家克罗齐：1882—1921》，詹尼尼出版社1972年版。

[③] 关于评论界对克罗齐的但丁研究的反响，请参见埃尔曼诺·斯库德里亚《但丁与现代文学批评》(*Dante e La Critica Moderna*)，维·穆格利亚出版社1973年版；奥尔多·瓦诺内：《当代但丁批评》(*La Critica Dantesca Contemporanea*)，尼斯特里·里斯奇出版社1953年版；以及卢恰娜·马丁内利：《但丁》(*Dante, a.c.d*)，帕伦博出版社1966年版，第217—229页。

家，克罗齐观照艺术和文学的视角是美学视角，而不是中世纪文学和历史。从历史视角出发的但丁研究认为，《神曲》作为一部中世纪诗歌应当尽可能地按照中世纪的标准来加以解读，而如果从审美的视角切入，克罗齐"有意识地为但丁崇拜去魅"的做法则是必然的。卡塞塔进行的研究视角区分非常重要，指明了一条如何走出克罗齐论但丁的文章带给读者的困境的出路。

克罗齐对《神曲》的解读必须得根据他在1902版《美学》一书中所设定的各种美学标准以及他对象征和寓言所做的艺术性和非艺术性的区别来重新加以评价。当然，他的那种区别并不是没有问题的，他对这两个概念所做的界定一直以来都是争议不断。克罗齐自己曾经对这种争议做过如下回应："有的人坚定地认为艺术的真正形式是象征性，而现实性的是非艺术的，而有的人则认为现实主义是艺术的，而象征性是非艺术的。这难道不奇怪吗？那么我们为什么不假定这两类人是在完全不同的意义上使用这两个词语，因此认定这两种说法均为正确呢？"① 厘清这段话的含义对于我们分析克罗齐所做的但丁《神曲》解读意义重大。首先，这段话说明，对于克罗齐发布的那些有关诗歌中的寓言以及寓言与诗性或艺术性之关系的言辞，我们不能作表面理解。其次，克罗齐对于诗性或艺术性所做的评论必须得放置到他表达这些观点的语境中去理解，即使这种新的解读完全有悖于人们所已经接受的克罗齐思想。这样做的结果不仅有利于我们更好地理解作为文学评论家的克罗齐，也有助于我们更好地理解但丁的作品，而这也是克罗齐进行但丁研究的终极目标。事实上，此章的目的不仅仅是纠正人们对于克罗齐的误读问题，也试图重新评价克罗齐的但丁研究工作。克罗齐对于但丁研究其实做出了很

---

① 参见《美学》第十一版，拉泰尔扎出版社1965年版，第78—79页。本书所参照的英译本为柯林·利亚斯译，《作为表达科学以及普通语言学的美学》，剑桥大学出版社1992年版，第78页。引文稍有改动。

大贡献，然而由于被人加以断然否定，其成就并未得到应有的认可。

克罗齐的《论但丁诗歌》在欧美两地都是一个高度关注的学术话题。欧内斯特·卡塞塔最近又重申了他早期发表的那些支持克罗齐的言论①。他提出，"克罗齐的但丁解读标志着但丁研究的转折点"②。我也赞同这一观点，但是在如何理解这个"转折点"的问题上，我们有所分歧。卡塞塔对于克罗齐将诗歌和寓言对立的观点不加质疑，认为克罗齐的贡献在于将诗歌和寓言加以明确区分并将前者拔高到后者之上，也在于对"但丁的诗歌而非其寓言"（68）做出高度评价。而在我看来，克罗齐的贡献却恰恰在于向我们展示了如何正确理解诗歌—寓言的对立问题。为了证实这点，我将介绍一下一位并不赞同克罗齐观点的学者蓬佩奥·简南托尼欧对克罗齐的《论但丁诗歌》所做的分析。简南托尼欧的文章是反对克罗齐观点的代表作③，但也正是此文的出现让人们开始关注克罗齐文学批评所涉及的一些核心问题。

在其《论克罗齐对但丁反讽法的批评》（"L'allegoria dantesca e la dottrina crociana"）一文中，简南托尼欧一再强调了将

---

① 参见本章注释2。

② 参见卡塞塔《克罗齐论但丁》，载《但丁研究》1988年第106期，第69—80页。

③ 除此之外，还有其他几篇研究克罗齐理论中核心问题的文章，包括布鲁诺·迈尔（Bruno Maier）：《克罗齐的但丁批评》（"La critica dantesca di Benedetto Croce"），载《意大利文学回顾》（La Rassegna della letteratura Italiana），第七集，第1—2页；马里奥·富比尼（Mario Fubini）：《重读克罗齐的〈论但丁诗歌〉》（"Rilleggendo La poesia di Dante di Benedetto Croce"，收录于《但丁批评回顾与展望》（Dante nella Critica D'oggi. Risultati e Prospettive），莫妮娜出版社1965年版，第7—19页；马里奥·桑索内（Mario Sansone）：《但丁与贝内戴托·克罗齐》（"Dante e Benedetto Croce"），收录于《但丁与意大利南方》（Dante e l'Italia Meridionale），奥尔斯基出版社1966年版，第29—59页。

但丁的诗歌放置在当时的历史、文化语境中解读的必要性和重要性①。他写道:"对《神曲》的解读必须要与一些关键性的历史和文化要素相结合,不能超越但丁所处的中世纪语境。"(320)他认为,这么做的原因和寓言的本质直接相关,"寓言式表达不仅仅存在于但丁诗作中隐秘的、非诗性的成分之中。"(320)他进一步提出,无论是在整个中世纪时期其他诗人的作品还是但丁的诗歌中,寓言和诗歌从来不是对立的,而是相互交融的:"寓言不仅没有令诗歌窒息或毁灭,反倒是和诗歌相互映衬,不需要对其进行各种阐释或在其之上构建一个思想结构。"(321)因此,但丁的诗歌中不存在缺乏统一性的问题。简南托尼欧认为,"但丁很清楚如何将二元对立的诗歌和寓言融为一个统一体。"(328)不过,简南托尼欧以及其他几位批评家们也都认为,克罗齐最终也是赞成这一观点的,在其后期著作中,克罗齐自己也承认,一部作品的思想性、结构性成分也可以和诗歌融为一体:"只要作者是一个值得称道的艺术家,其作品最终会形成难以割裂的统一性。"②

简南托尼欧的解读指出了克罗齐从美学视角出发的评论和更加常见的基于历史、文化视角的解读之间的不同。然而,这种不同只存在于撰写《论但丁诗歌》时年轻的克罗齐与其他但丁研究者之间。克罗齐后期的观点趋于温和,与其他学者的观点越来越兼容。所以,就但丁诗歌的统一性问题而言,虽然克罗齐最初的观点饱受诟病,但后来重获尊崇。其实克罗齐与其他评论家之间争执的核心问题并不是但丁诗歌的统一性问题(但丁诗歌从

---

① 参见蓬佩奥·简南托尼欧《论克罗齐对但丁讽喻法的批评》,载《克罗齐研究专辑》(*Rivista di Studi Crociani*)第三册,七月出版社1969年版,第320—331页。另请参见简南托尼欧早期撰写的《但丁及讽喻法》(*Dante e L'Allegorismo*),奥尔什基出版社1969年版。他在此书中详细讨论了寓言问题。

② 参见克罗齐《克罗齐作品选编·卷三》,拉特尔扎出版社1955年版,第126页。

来不存在此问题），而是但丁诗歌、整个中世纪文化以及当时的但丁评论家中常见的对艺术的象征性理解问题①。

虽然评论家们批评克罗齐的但丁研究是出自多重目的，但争执的焦点并不是他对某首诗歌所做的解读的局限性，而是如何理解但丁诗歌中的寓言的问题。克罗齐的但丁诗歌研究中提出的各类问题，从结构和诗歌之间的区别到某首诗的统一性问题，其实都是同一问题的不同版本，即诗歌和寓言之间的对立以及为了肯定前者、否定后者而所做的各种区分。而通过分析无论是整个中世纪时期还是但丁本人的诗歌当中不存在寓言和诗歌之间的对立、两者永远是整体的一个部分，简南托尼欧很好地解决了这一问题。

简南托尼欧可以通过提出中世纪时期寓言和诗歌互为一体这种说法来避开其他相关问题，但克罗齐在分析诗歌和寓言的差异时并未设定时间界限，所以他在解读但丁诗歌时必须得讨论整体的诗歌问题，而依据他在1902版《美学》中所表达的寓言是非诗歌这一美学观点，要讨论诗歌问题则意味着他必须得将诗歌与寓言或非诗歌区分开来②。克罗齐所做的批评分析，无论分析对象是维科这样的哲学家还是但丁这样的诗人，目的都不在阐释文本或者解密其意义，而在于剥离或消除作品内在的各种含混。比方说，他解读维科时的兴趣点在于找出维科哲学中那些与当代哲学尤其是他自己的哲学观点相关的部分。用他的话来说，"腐朽的思想"必须得从"鲜活的思想"中分离出来并且被加以摈弃。克罗齐在分析但丁时也怀着类似目的。在《论但丁诗歌》第一版序言中，克罗齐提出，此书意在"彻底消除那些平庸混乱的但丁诗歌评论，从而可以让我们关注但丁作品的精华"（vii）。

---

① 简南托尼欧认为但丁的诗歌表达既是中世纪的又是象征性的，"但丁的诗歌表达既是中世纪的又是象征性的"（328）。

② 参见《美学》第四章。

不过但丁研究者们也不必为此而担忧，克罗齐的目的只是批判他同时代的一些批评家们研究但丁诗歌的研究方法[①]，他的手术刀所对准的并不是研究者本人。在解读哲学著作时，克罗齐希望消灭哲学最大的敌人，即那些会削弱哲学有效性、甚至会毁灭哲学的比喻性语言[②]。而在解读但丁诗歌时，克罗齐认为最大的敌人是寓言或非诗歌。所以，在解读诗歌时，克罗齐想要剔除的就是寓言带来的障碍，从而还诗歌以其原初的抒情性。

克罗齐在《论但丁诗歌》的序言部分，对那些但丁研究者们为了解释《神曲》中的寓言之谜而作的鸿篇大论直接予以否定："无论那些所谓的研究者或者揣摩者对那些寓言做出何种论断，他们对寓言的阐释确实毫无用处。而且，如果考虑到诗歌和历史带给我们的乐趣，这些阐释甚至是有害的。"（18—19）虽然克罗齐承认此类寓言作为一种写作形式存在于中世纪，但是他坚信，即使我们掌握了解密这些寓言的方法，解开这些寓言之谜对于我们阅读和欣赏诗歌毫无意义："即使我们有可能搞清楚这些寓言，当然这是不可能的……，所能揭示的除了那些已知的东西还能有什么呢？"（10）对克罗齐而言，寓言只有两种，一种是外在于诗歌的，其意义依附于诗歌，而另一种是排斥诗歌的。其他任何一种寓言都可以归入这两类之中，因为在他看来，如果寓言和诗歌是融为一体的，那么就只能称其为诗歌，对寓言的讨论则变得毫无意义。同样地，如果一首诗歌中有独立存在的寓言，那它就不可能是诗歌："假如寓言的确是存在的，那它顾名思义是外在于诗歌、不同于诗歌的。那些内在于诗歌、和诗歌混为一体的不可能是寓言，只能是诗歌意象，诗歌意象具有无限的精神价值，我们无法将其限定于具象的事物。"（20）在这两种

[①] 关于克罗齐书写《论但丁诗歌》时所针对的具体的评论家以及他们的评论方法，请参照本章注释3。

[②] 关于克罗齐在分析哲学作品时所采用的分离和否定的方法，请参见第八章。

寓言当中，克罗齐只关心前一种，因为完全剥离于诗歌的后一种寓言没有任何价值："既然这样的寓言中没有诗歌，那诗歌史自然不应该以其为研究对象。"（19—20）克罗齐在其但丁诗歌研究中只讨论了意义外在于诗歌的第一种寓言，目的在于将此类寓言与诗歌进行区分或使其与诗歌分离。他对《地狱》、《炼狱》以及《天堂》的解读都是这个模式，苦心孤诣地让诗歌摆脱此类寓言的束缚，从而凸显诗歌真正的诗性。

但是克罗齐对但丁诗歌所做的分析并不能被完全简化为穷究但丁诗歌中的诗歌因素和非诗歌因素。不管我们有多厌烦，他对但丁文本所做的各种拆分和肢解的目的在于通过剔除文本中的一些不健康成分来重构文本。克罗齐这种"打扫房屋式"的做法保证了但丁诗歌的统一性，否则他认为但丁的诗歌之屋存在坍塌可能。从此方面来说，虽然克罗齐评论但丁的方法和主旨跟简南托尼欧等其他但丁研究者们貌似不同，但其立场并无什么不同。原因在于，克罗齐将寓言视为外在于诗歌的表达这一立场并无法解决但丁诗歌中真正的寓言问题。他对寓言和诗歌所做的区分其实只是一个"整形手术"，并未对但丁诗歌产生实质性影响，而只是抨击了那些克罗齐所厌恶的对但丁诗歌所进行的寓言式解读。

虽然克罗齐将寓言分为两种，但仔细分析他对这两种寓言的定义便会发现，这种区分其实是不成立的，因为第一种所谓"外在于"诗歌的寓言压根不是寓言，而只是对诗歌进行寓言式解读。克罗齐对第一种寓言是这么描述的："《炼狱》和《天堂》最后一个诗章里的比阿特丽丝就是第一种寓言形式。她可能是但丁寓言式期望的一切的集合，或者说是那些评论家们所想象的一切的集合，比如神性显现、心灵启示、灵活的思想等等。但是，不管人们给她附加上何种名称，诗歌中的她仅仅是一个女人，一个曾经被人爱过，现在生活幸福、光彩照人，但依然善待她的前任情人的女人。"（21）这种寓言其实只是一种解读诗歌的方式，给诗歌中一种本来无名称无意义的东西赋予一个名称。比阿特丽丝只是一个女人，神性显现、心灵启示、灵活的思想等附加在她身上的这些意义纯粹是任意的、外在于其本质的。这种符合神学家理解的寓言类型的寓言其实根本不是寓言，而只是一种任意的命名方式，一个任意的符号而已。

另外一种压制诗歌并且被克罗齐所批评的寓言类型其实是唯一的一种寓言形式，因为此类寓言也是一种写作方式。克罗齐所列举的一些例子可以让我们明白这点，当然这种例子并不容易列举，因为此类寓言式写作只是一堆符号的无序堆砌，被克罗齐认为是"刻板呆滞"（19）的，是诗歌本身的局限和缺点，是不值得列入诗歌史的："第二种寓言排斥诗歌的存在或者说阻碍诗歌显现，代之而出现的是一堆不协调的意象，刻板而呆滞，这些意象并不是真正的意象，而只是简单的符号。在此情形下，诗歌是不存在的，其所宣告的只是诗歌的局限、失败、空洞和丑陋。"（19—20）克罗齐为了解释这类寓言所列举的是但丁诗歌中最重要但也是最难懂的一些段落。他写道："虽然但丁诗歌中出现的这种情况并不多，但我们还是可以找到一些，比如什么毛毡和毛毡结合后诞生的灵犬，不食泥土不吃财富，但却食用智慧、爱以及美德；什么'令诸多生命悲惨'的母狼；什么'尘世上最低矮的脚'；什么'可以如履平地般跨越的'美丽的溪流（22—23）；诸如此类的表达。"这些被克罗齐列为第二类寓言的表达，几百年来一直令批评家非常费解。与之前提到的比阿特丽斯的情形不同的是，第二类寓言排斥从外部对其加以命名，因此是不可读的。所以，克罗齐认为，但丁诗歌中这些所谓"诗人的寓言"的寓言应该在诗歌分析中被摈弃。正如笔者在本书第三章已经提到过的，克罗齐依据自己1902版《美学》所提出的理想化的象征艺术理论，对此类寓言加以否定。

克罗齐在后来的一篇同主题文章中进一步将此类寓言定义为散文体表达，因为它只是"一种非常实际的写作方式、一个符码，虽然其形式不是字母、声音或者数字，但本质上与这些形式的符码没有区分"。① 克罗齐认为只有将这种密码般的寓言消除之后对诗歌进行象征性理解才有可能。如果我们现在再回头来看克罗齐所划分的那两类寓言，就可以确认，第一种其实并不是寓言，而是对诗歌进行寓言式阐释。这样就只剩下一种寓言了，而克罗齐认为此类寓言并不符合美学的传统定义，对其也加以否定。但实际上，克罗齐对第二种寓言的否定其实也是有名无实，因为虽然他可以对此类寓言加以否定、忽视，可是他无法对其进行消除，因为此类寓言本身是基本写作结构的一部分。从这个层面来看，克罗齐对寓言形式所做的区分只是一种虚拟行为，给人一种幻觉，以为可以否定某些其实并没法否定的东西。但唯有做出这种否定姿态，诗歌是象征的这一诗歌理论才有可能成立。

所以，克罗齐对此类寓言的否定并不意味着他成功地将《神曲》中的寓言抹消了。他的目的只是将但丁诗歌回归到任何外在意义尚未被附加之前的原初状态，上文提到的他对比阿特丽丝的解读便是一个很好的例证。通过否定对比阿特丽丝所进行的各种寓言式阐释，克罗齐想让她成为一个真正的诗歌人物，一个能真正表达但丁创造力的纯粹的诗歌人物，"一个曾经被人爱过，现在生活幸福、光彩照人，但依然善待她的前任情人的女人。"(14) 这才是被克罗齐称之为诗性的东西。

克罗齐对《神曲》的解读其实就是对这种诗性的寻求，他认为诗性并不是静态地存在于《神曲》的某一处，而是缓慢自我生成，起初稍有流露，到了最后几个诗章逐渐变得浓烈，而在

---

① 参见克罗齐《寓言的本质》（"Sulla natura dell'allegoria"），收录于《美学新论》（*Nuovi Saggi di Estetica*），拉泰尔扎出版社1958年版，第335页。

《天堂》中那缥缈轻幻的氛围中达到了巅峰："《神曲》中的诗性并不是一开始就很强烈的，刚开始很单调，逐渐变得丰富、多样、自由，从《地狱》的头几个诗章到中间部分再到末尾，明显渐次增强，然后平缓过渡到《炼狱》，到了《天堂》部分则变得缥缈淡然。"（102）克罗齐的此番言论起初引来一片惊议，因为被克罗齐认为诗性不太明显的头两个诗章是其他大多数评论家认为最有诗性的两章[①]。而克罗齐认为，就诗性而言，《地狱》的前几个诗章是最弱的，甚至可以说是不具备诗性的，"给人刻意而为的感觉"（69）。克罗齐提出，前几个诗章是平庸的，"其文风和节奏均显小气平庸"（103—104）。马里奥·桑索内认为，让克罗齐感觉《地狱》前两章不具备诗性的原因在于这两个诗章的"结构和诗性在不停转换"。[②] 克罗齐其实也承认这几个诗章里的保罗和弗朗西斯等片段是诗性的，但他认为这几个诗章的主导因素是宗教而不是诗性，明确反映出宗教传奇对但丁的影响："诗人必须得讨好宗教伦理传奇的读者，所以他自然以这种方式开篇。"（120）在前两个诗章中，宗教和伦理问题横亘诗中，使得但丁难以以一个诗人的方式自由表达自我："他似乎无所表达，或者说，他不知道如何按照自己的意愿进行表达，诗歌的命脉处于受阻状态。"（102）克罗齐对《炼狱》的最后几个预言性诗章，尤其是第二十九、三十、三十一章的分析更令人吃惊。这几章描写了人群在光秃的枯树和各种暴力场面中行进的景象，虽然克罗齐基本赞同大多数但丁研究者的观点，认为这几个诗章的表征方式是寓言式的，"是一种非诗性寓言或非诗性矫

[①] 克罗齐在此处的主要批评对象是弗朗西斯科·德·桑克蒂斯以及其他几位浪漫主义批评家。有关桑克蒂斯对但丁诗歌的评论，参见《桑克蒂斯论但丁》，威斯康辛出版社1957年版。

[②] 马里奥·桑索内：《但丁与贝内戴托·克罗齐》，收录于《但丁与意大利南方》，奥尔斯基出版社1966年版，第53页。

饰"（195）。但与其他学者不同的是，克罗齐坚持认为这几个诗章的主基调是诗性的，因为透过这些场景，人们所能感受到的是但丁自己的真情实感："不管是隐蔽的、清晰的，或者是半隐蔽半清晰的，主基调是诗人自己的情感。"（194）克罗齐认为这几个诗章的表征方式就是主题本身，所以形成的诗歌表达不再是寓言。这几个诗章中的寓言不再只是刻板、冰冷地传递理性思想，也不再压制诗性流露。在这里，寓言是主题的一部分，屈从于诗性，成为诗性表达的一种手段："因此，我们在这一部分感受到一种特殊的诗性，毫无寓言的刻板僵硬。这种诗性并不是服务于寓言的，而可以巧妙预示寓言并对其加以利用。"（130）克罗齐这里所讨论的其实是他在《论但丁诗歌》一书的《绪论》部分并未提及的第三种寓言。不同于外在于诗歌或压制诗性的那两类寓言，第三类寓言使得诗性成为可能。《炼狱》最后几个诗章的诗性就是来源于此类寓言。

克罗齐的这一观点不仅与其他但丁研究者的观点相左，也有悖于他自己早期提出的寓言观，所以他觉得有必要对这种新观点从理论上加以阐释。他以绘画为例提出："一幅绘画如果没有自己的主题，只包含一些意义固化的符号，那它就是寓言性的，缺乏诗性的。而如果另一幅画是以前一幅画为主题，并且描绘了此画在艺术家心目中的印象，那这幅画则是非寓言性的、是诗性的。"（195—196）事实上，克罗齐以绘画为比喻所定义的这类寓言与他在《论但丁诗歌》中所提出的那两种寓言定义有所不符。根据他之前的定义，寓言式表达恰恰是没有约定俗成的固定意义的，前文所列举的那些例证足以证明这一点。《神曲》中的"毛毡"以及其他那些谜一般的表达晦涩难懂的原因恰恰在于这些表达没有固定意义。借用克罗齐的话来说，这些寓言的主题其实是"自我生成的"（131），但是为了搞清楚诗人"任意"赋予它们的意义，我们需要对这些自我生成主题的动力进行解读，结果是往往将寓言当作有固定意义的象征来加以处理。这样的做法诱导读者到诗歌之外去寻求这些寓言的意义，从而使其变得晦涩。

那些所谓的约定俗成的寓言其实并不是寓言。被当作此类寓言的最常见的例子就是认为双眼被蒙住的女性象征着"财富"，形成此类解释的原因是人们认为财富是盲目的；而双眼被蒙住同时手拿天平的女性则象征着"正义"，因为正义不会有歧视，会公平对待每一个人。此类所谓的寓言很容易辨别，因为其意义是约定俗成、固定不变的。但是准确来说，这类表述其实更应该被叫作象征。所以，如果我们现在重读那些被克罗齐划分为诗性的和非诗性的表达，应该对其重新进行命名，那些意义已经被传统固定了的表征应该被称为"象征性的"或非诗性的，而那些自我指涉、自我生成意义的表征应该被称为"寓言式的"或诗性的表征。

克罗齐在定义诗歌过程中出现的称谓混乱现象跟他受黑格尔美学理论影响直接相关。黑格尔推崇象征，认为象征表达是诗性的，而他否定寓言，将其定义为非诗性的[①]。但其实，从上文所引用的克罗齐作品来看，在克罗齐自己的美学体系里，寓言其实是等同于诗性的，而象征则是非诗性的、应该被摈弃的。可由于有黑格尔的观点在前，克罗齐并不能直截了当地表达这一观点，但他对《炼狱》最后几个诗章的分析清晰无误地证实了这一结论。

克罗齐在分析《炼狱》最后几个诗章时所提及的寓言其实并不是他之前所界定的那两种寓言形式。当他说这几个诗章的寓言式表征方式已经等同于"主题"时，他其实想说的是这种寓

[①] 美学概念的称谓及其定义之间的矛盾是克罗齐1902版《美学》的主要问题。

言式表征是一种"密码般的、散文式的"写作方式，是一种预设诗性并能够很好地利用诗性的寓言形式。

为了对寓言和诗歌之间的关系形成更好的理解，我们需要继续了解克罗齐对《天堂》所做的评论。他在此又一次提出了与传统但丁评论相左的观点，认为《天堂》中那些通常被认定为说教性过强的几个诗章中具有真正的诗性。克罗齐坚信，从比阿特丽丝、圣托马斯、所罗门，以及圣伯纳德几位诗歌人物口中所讲出的那些貌似说教的诗行，其实是营造诗性的一种方法。克罗齐将这种说教性诗性和"真正的"诗性之间的关系比作剧本和为其谱写的音乐之间的关系："虽然作为一名哲学家、神学家或政治家，但丁对教义兴趣十足，但因为此刻他是一名诗人，所以诗性比主题更加重要。此刻，教义就如同剧本，他要为其谱写乐曲。"（151）克罗齐认为他在《天堂》的最后几个诗章中听到的"诗性声音"是由说教诗性诗行制造的，其音乐性源于剧本和谱曲之间的和谐。寓言式书写在这几个诗章以哲学、神学和政治学形式出现，成为创造诗性的工具，使诗性成为可能[①]。《天堂》的最后一章里，但丁幻想了一个美妙至极的前景，于是他歌颂欢乐。克罗齐从这个诗章中发现了非常强烈的诗性："'目及之处，我看到的是宇宙的欢声笑语，它的沉醉借由我的感官进入我的体内。哦，喜悦！哦，难以言语的欢悦！哦，充满了爱与和平的生活！哦，无所欲求的富足！'此格调主导着最后一章宗教叙事诗，贯穿、包围着其他所有宗教叙事诗。"（207）克罗齐的这段话同时也表达了他自己在阅读这些崇高的诗行时的感受，这是但丁的感受，也是克罗齐的感受，是一种转瞬即逝的情感反应。无论是但丁幻想的梦幻景象还是克罗齐所感受到的"诗性"都会

---

① 简南托尼欧声称中世纪时寓言和"诗性"之间形成了统一性，但是看来并非如此。根据克罗齐的观点，象征表达是非诗性的，而简南托尼欧则认为象征表达是诗性的。参见简南托尼欧所著《但丁的反讽手法》。

第五章 寓言：但丁

迅速飞逝，如同音乐一般，在激起情感的瞬间转化为一种记忆。寓言和诗性之间的关联便是一种如此微妙的关系，在寓言中实现诗性只能是一种永恒的欲望。

克罗齐在长篇著作之后会习惯性地写一些小文章来回应所受到的各种批评以及进一步厘清自己尚未清晰、充分地表达的观点。《论〈神曲〉的最后一章》[①]便是一篇这样的文章。为了详细解释诗歌的诗性和说教性之间的关联，克罗齐在此文中重新分析《天堂》最后一章。他在此文中将但丁诗歌的诗性力量比喻为"击打思想的闪电"（161），并且引用了《天堂》第三十三章中的一段诗行来充分证明这种诗性。和他在《论但丁诗歌》中所引用的诗行有所不同的是，这段诗行不是说教性或散文性的，而是采用明喻修辞[②]形成了一个真正的诗歌意象："如同梦中的景象/梦醒之后激情尚在/余事皆难留存/眼前的景象已全部消散/而幻景带给我的甜蜜却依然滋润着我的心房/于是，女巫的神谕消逝了/消逝在被阳光消融的积雪中、在风中、在落叶上。"[③]这段广为传颂的诗行描述了但丁所体验到、但却无法被理性再现的那种无法言说的幸福感受。这种体验如同一场美梦，梦醒之后，欢愉的感觉尚存，但梦中景象却消逝得无影无踪。克罗齐如此评价这种感受："那景象消逝了，可是它曾经是那么真实地存在着，如同那曾经在他心中刻下深刻烙印的天堂突然消逝了。他渴望着，可是他找不到，他也深知，这景象再也无处可觅了。"（160）这段诗行之所以引起我们或者克罗齐的特别关注倒不是因为它们比别的段落富有诗性，而是因为它们表达了一种观

---

① 参见《古代史与现代诗》，第161页。
② 辛格尔顿在其《神曲》评论中多次指出这首诗中的许多所谓的明喻其实是"假明喻"，不过他认为这段诗行的确采用了明喻修辞。参见他对《天堂》第三十三章的评论，第58—63页。
③ 这段诗行的汉译依据的是辛格尔顿的英译诗行。——译者注

点，解释了何为"诗性"以及"诗性"和《天堂》中的说教性宗教诗或寓言之间的微妙关系。这段诗行首先告诉我们的是，所谓诗性特征只有通过非诗性的、散文体的、甚至评论式的解释才可以被人们充分欣赏，只有对这些诗行用散文体语言加以解释之后我们才能够捕捉到那种被克罗齐称为遗梦带来的"超常的喜悦和迷醉"（160），只有这样我们才能感受到诗歌那闪电般击穿一切的力量。这些解释让我们感受到了梦幻一般的诗性，也说明了诗性的梦幻性。

梦中的景象在梦醒之后便会消散，只能残存于记忆当中，对诗歌的体验同样也只能存在于读者的感受和记忆当中①。在这两种体验中，留下来的只是记忆和评论，而那些纸张上的文字，提醒着人们诗性的短暂显现以及捕获或再现诗性之不可能性。《天堂》的最后一个诗章告诉我们，幻景消散后所留存的东西就如同女巫的回答，写在树叶上、散落在风中、谜一般令人难懂。同样地，诗性的唯一存根就是密码一般的书写、一个谜一般含混的符号体系，提醒我们其所曾经唤醒的诗性体验。

克罗齐从《天堂》第三十三章摘选的这个明喻不仅阐释了将"诗性"从散文中剥离的困难，同时也通过说明诗性难以明确存在证明了所谓"诗性"的不确定性本质。这个明喻其实是一个寓言，用寓言的方式陈述了诗性的呈现，以及诗性和散文式或说教式表达之间难以确定的微妙关系。克罗齐本人在这篇论文中也提出，就如同一些科学概念需要进行解释一样，明喻也一定是个寓言。他写道："关于比喻，我要说的是，诗歌从来都是一种比较，一种比喻，在感觉中表达超感觉，在短暂中表达永恒，在个体中表达共同的人性。"（161）《天堂》第三十三章中的这段诗行表明，说教性或散文式表达和"诗性"之间的关系从表

---

① 对这个观点的详细论述，参见本书评论克罗齐《诗歌与文学》部分。

面来看似乎是前者从属于后者，寓言作为一种表征方式似乎从属于"诗性"，诗性虽然是借由寓言生成但最终却会遮蔽寓言。但真实情况是，诗性对寓言的支配是很不稳定的，诗性很快就会暴露其短暂易逝的本质，而诗歌的本质最终还是存在于寓言之中。再回到上文提到过的克罗齐的那句话：诗性出现的时候不可能存在寓言，寓言存在的时候不可能出现诗性。克罗齐这么说的目的是提醒那些批评他的人，不要试图用一把尺子去度量诗性。在他看来，诗性就如同上帝的恩典，会毫无征兆地突然降临至那些有接受能力的人："据我所知，诗性不可能靠一把尺子或一根绳子量得到。诗性是神的恩赐，是但丁称为可以击穿思想的一道闪电。"（160—161）克罗齐借此提醒我们，在阅读但丁这样的诗人时，我们应该时刻准备接受其"出其不意迸发而出的诗性"（162）。

在对但丁诗歌的解读过程中，克罗齐起初认为但丁诗歌中的寓言是非诗性的，因此加以否定，但后来又提出，但丁诗歌中那些散文式、说教式的寓言是诗性的。克罗齐文学评论中存在这种矛盾观点的根本原因在于他深受黑格尔美学理论影响。他虽然经常与黑格尔理念斗争，但同时也是黑格尔思想的忠诚信徒。他毕生对美学本质问题的思考使他最后与这个矛盾形成了妥协，然而他并没有找到可以协调这一矛盾的方法[①]。所以，如果我们依据克罗齐后期对但丁诗歌中寓言式表达的接受得出结论，以为克罗齐在其职业生涯晚期发现自己的研究方法是错误的，这种结论只能是"貌似"正确，因为虽然克罗齐逐渐开始认可寓言所具备的诗性，但在其论述中却始终将寓言称为象征，而这种象征其实就是克罗齐最初批判的那种外在于诗歌的寓言。从这个层面来

[①] 在《诗歌与文学》这部克罗齐的美学收山之作中，克罗齐将散文式和说教式表达纳入"文学"范畴，但是他依然排斥"寓言"，认为寓言是非诗性的。

说，克罗齐对但丁研究所做出的贡献是全新的，他走出了黑格尔否定寓言的美学理论影响，在《神曲》的寓言中找到了诗性，为研究诗性寓言的诗性本质开辟了一条道路。

第六章

反讽：阿里奥斯托

克罗齐没有觉得他对阿里奥斯托所做的解读有什么问题。在他那本讨论阿里奥斯托、莎士比亚以及高乃依的著作里，他提出要借助此研究来说明自己的批评方法的优势。他声称此批评方法适用于各种文学作品，甚至适用于完全对立的作品。他写道："我对这三位诗人并置研究是因为通过运用此方法来研究三种迥异的作品，便可证明根据相同的原则分析差异巨大甚至完全对立的作品是可能的，通过对比研究可令每一种作品的特色凸显，也可以借此来说明、例示并实证一些我认为很重要的美学和哲学概念"（绪论）[①]。实际上，克罗齐在此论作中并没有明确指出他运用了什么批评方法："至于研究方法，我觉得这些文章已经作了必要且充分的解释"（绪论），读者需要从他的评论文章中进行具体分析。如果仍然感觉不够清晰，他建议读者从他的另一部评论集《美学新论》中进一步寻找解释。

《美学新论》这一著作最初是克罗齐为自己在美国莱斯大学的就职典礼而撰写的系列论文，当时命名为"美学纲要"，意在对他1902版《美学》加以补充和更新。他在绪论部分写道，此

---

① 来自此作的引用依据的是1961年拉泰尔扎出版社出版的《阿里奥斯托、莎士比亚以及高乃依》（*Ariosto, Shakespeare e Corneille*）。英译本由道格拉斯·安斯利所译，*Ariosto, Shakespeare and Corneille*，罗素出版社1966年版。

卷论文的目的在于"充分阐释抒情直觉和艺术创作理论、文学和艺术批评方法以及历史研究方法"[①]。这些有所更新的美学观是指导克罗齐批评实践的理论，而他的批评实践是其美学理论的具体体现，理论和实践之间的呼应可以让我们借由克罗齐的批评实践去认识其美学理论，反之亦然。考虑到如果直接讨论克罗齐的批评理论缺乏具体的艺术例证，本书选择从克罗齐的具体批评例证出发来认识其理论。我们试图通过解读克罗齐在《阿里奥斯托、莎士比亚以及高乃依》一书中对阿里奥斯托所做的解读来厘清他的新美学理论。

虽然克罗齐认为《疯狂的奥兰多》是"一首几近透明的诗作"（3），一首容易解读的诗歌。但他同时提出，已有的对这首诗的评论整体上是"互相矛盾的、复杂的、令人费解的"（3）。克罗齐认为这种情况是批评家们对这首诗所做的审美判断和理性判断、直觉判断和概念式判断之间的差异所引起的，或者说是由评论者的美学理论和批评实践之间的差异所引起的。换句话说，克罗齐认为虽然评论家们不难看清楚这首诗晶体般透明的诗歌肌理，但却无法确定其本质："任何人都能轻松地阅读、体验阿里奥斯托的八行诗，对其进行吟诵、想象，似乎与其陷入热恋一般。但是要讲清楚阿里奥斯托诗歌的魅力因何而生、他的诗歌灵感特点何在或者他的诗歌有什么特殊的诗性这些问题并不是一件容易的事。"（4）要将凭直觉理解的简单美学理论化是很难的，导致的结果往往是形成一些一知半解、表达不清的美学理论。从古至今的多少年里评论家们评论阿里奥斯托的《疯狂的奥兰多》的各种方法可以很好地证明这点，这些人致力于对这首诗作出各种美学判断，试图确定"它究竟是不是一首史诗、是严肃的还

[①] 引自《美学新论》第三版，拉泰尔扎出版社1969年版。

是喜剧性的"①。形成这些不恰当的美学判断的原因是这些评论家们被禁锢在一些"荒谬的"（5）批评术语当中，禁锢在"混乱的、错误的"（6）批评理论当中。

现代的阿里奥斯托评论貌似超越了上面提到的这些无意义的探究，但依然未能免于各种理论错误。克罗齐将这些错误分为两大类。第一种类型的评论家可以追溯到桑克蒂斯、维舍以及更早期的苏尔寿。这些评论家认为《疯狂的奥兰多》是纯粹想象的结果，不包含现实主义内容。他们认为这首诗只有一个目标，"它所追求的唯一目标就是艺术"（7）。而第二种类型的评论家则认为这首诗具有绝对客观性，是一部反映现实的作品。

克罗齐拒绝接受这两种批评方法以及依据两种方法所得出的结论，他认为这些批评理论是最终导致"非艺术"或"丑陋的艺术形式"（9）出现的原因。这两种方法的缺陷在于它们提出的观点彼此矛盾，阿里奥斯托的诗歌内容不可能是毫不涉及社会现实的纯粹艺术，但也不可能被简化为譬如讴歌骑士精神、鞭挞骑士精神，或探讨人生智慧之类的某一种具体内容。克罗齐否定这两种批评方法的同时提出了第三种批评方法，试图在深入分析这些"不恰当的"方法的基础上努力超越它们，他写道："显然，解决这一困境的唯一方法就是寻找《疯狂的奥兰多》中所蕴含的另外一种诗歌内容，以此来揭示他们所提出的所谓'纯粹的想象'、'绝对的客观性'以及'为艺术而艺术'等批评术语有多么离谱。"（11）克罗齐接下来对阿里奥斯托的次要作品做了简单梳理，目的不仅是揭示《疯狂的奥兰多》和这些次要作品之间如同"高山和峡谷"的巨大区别，也是为了否定试图从《疯狂的奥兰多》中挖掘诗人的"真实情感"及其公共生活或私人生

---

① 克罗齐这里指向的是那场将阿里奥斯托的诗歌与托克多·他索的史诗相比较的大辩论。

活内容的那类批评方法。克罗齐认为，有关阿里奥斯托的个人信息在其次要作品中能找到一些，但在《疯狂的奥兰多》中却找不到："虽然阿里奥斯托的一些次要作品表达了他在实际生活中的真实情感，但是如果我们希望找到让《疯狂的奥兰多》成为一部伟大作品的灵感或者激情，那我们不能从他作为一个普通人，包括为人之子、为人之兄、一个穷人或一个情人的感受层面去寻找，而一定要超越普通生活。那种灵感肯定是深藏于他内心深处的东西，是他的挚爱。"（18）有些评论家认为阿里奥斯托的"挚爱"其实就是艺术本身："艺术即他的女神"（18）。但是克罗齐选择将阿里奥斯托那最真诚的挚爱称为"和谐"（21），他提出，当那些批评家提及艺术，说阿里奥斯托是一位"为艺术而艺术的诗人"（29），或者当他们称阿里奥斯托为一名"讽刺诗人或喜剧诗人"的时候，他们其实想用的就是"和谐"一词。克罗齐认为，和谐是艺术的本质，是纯粹的艺术或纯粹的形式，或纯粹的万物之节奏，一种辩证的统一："艺术本身不可能是艺术的内容，或者说，艺术不可能表征被表征的内容，所以我们可以直截了当地说，当我们听到有人说阿里奥斯托或者其他艺术家的作品是纯粹艺术或者纯粹形式时，其实他们无意识中想说的是这些艺术家们的作品内容努力呈现宇宙万物的纯粹节奏、呈现辩证统一、呈现和谐发展。"（25）但是简单地将阿里奥斯托称为一个追求和谐的诗人并不能解决阿里奥斯托研究中存在的问题，"和谐"一词不能只是个抽象存在，需要对其加以批评应用。

什么是和谐以及和谐是如何在《疯狂的奥兰多》这首诗歌中得以体现的？这是克罗齐所关心的下一个问题，这就涉及阿里奥斯托在这首诗歌中所表达的各种具体情感，所有情感混合在一起便构成了整首诗的和谐。批评实践的目的就是将这些不同的情感从整首诗的和谐情感中"剥离"（32）出来，对其加以具体解读。克罗齐将被剥离出来的各种情感称为该诗的"主题"，并提出,"主题"与"内容"不同,"内容"指整首诗的主导情感,比如说,我们可以说《疯狂的奥兰多》是反讽或讽刺性的。而"主题"是由所有这些具体情感组成,并已被转化为和谐感,正是这种和谐感使得阿里奥斯托早期充斥着欢快故事的次要作品和《疯狂的奥兰多》这首后期诗歌之间形成巨大区别:"这首诗的和谐情感让他得以将那些欢快的骑士故事和无厘头的笑话转换成诗性,将那些平铺直叙的、叙事性或议论性的诗歌转换成更加复杂的诗歌,从而将这首诗提升为一部真正伟大的作品。他用一种方式将各种情感加以转换,使得那些直接的表达变得婉转。"(43) 当克罗齐开始讨论《疯狂的奥兰多》中的各种具体情感,以及这些情感如何被转化为和谐感的时候,我们可以看出,能够容纳各种情感,并且让各种情感"服从于一种主导情感"(44)的和谐法则其实就是反讽。当然,这种反讽并不是克罗齐早年所否定的那种只应用于骑士故事或宗教题材的反讽。这种反讽并不仅仅限于一个简单的而且会牺牲某种内容的笑话,而是构成诗歌主题的一个重要部分。用克罗齐的话来说,"《疯狂的奥兰多》这首诗的基调其实就是阿里奥斯托特有的反讽,这一特色常被人提及但却从未被明确定义,它并不局限于骑士或宗教等某一种题材,而是包容一切,所以并不是那种无意义的笑话,而是高贵的纯艺术、纯诗歌,是诗歌的基本情感相对于其他情感的胜出。"(45) 克罗齐否定那种常见于骑士故事和宗教题材当中,但实际却有损于表达骑士或宗教理想的轻松浅薄的反讽。他所倡导的这种反讽可以让整首诗歌有所提升,让其表征方式变得清晰,可同时削弱或提升其中蕴含的所有情感。

反讽可同时弱化或强化诗歌情感的这种说法初听上去令人费解,因为被克罗齐所批评的那种绝对反讽并不具备强化诗歌情感的功能。但其实,仔细琢磨克罗齐对反讽的定义之后我们会发现所谓"弱化"或"强化"其实差别不大。《疯狂的奥兰多》中被提升的并非是起初被弱化的某种情感,而是"自有其生命力"(45)的阿里奥斯托八行诗本身。反讽使得诗歌的表征方式变得明晰,令诗歌中的各种情感变得和谐,所以,阿里奥斯托那"微笑的"(45)八行体诗很理想地诠释了艺术即反讽这一概念。或者,按照克罗齐对阿里奥斯托和谐艺术的理解来说,阿里奥斯托的八行体诗是反讽即为和谐的完美例证:当所有的情感都被适度、合理地嘲讽之后便会形成和谐的基调。

克罗齐将《疯狂的奥兰多》中的反讽称作"上帝之眼",意思是说,这首诗中,反讽如同上帝之眼一般无处不在,监管着善或恶、大事或小事。他以此称谓来区分阿里奥斯托的反讽以及传统意义上的罗曼蒂克式反讽,他认为后者"怪异且夸张"(48),后来又被人与"幽默"混为一谈(克罗齐当然指的是皮兰德娄①),会导致艺术的毁灭。而阿里奥斯托的反讽"严格控制在艺术范围之内"(48),与艺术合为一体。克罗齐认为所谓的幽默其实是一种艺术缺陷,而阿里奥斯托从来不会沉溺于幽默之中,他的反讽是一个自信满满的艺术家的反讽。

克罗齐认为,阿里奥斯托在《疯狂的奥兰多》中的反讽具有自己特色的原因在于这部诗歌展示的并不是真正的人物,而只是一些人物形象:"《疯狂的奥兰多》中没有自由涌动的激情,因此没有人物,只有形象,只是些具备普遍或典型特征的人物形象,而不是具备个体特点的人物。"(51)这首诗歌中的骑士就是这样的情形,所有骑士是同一个形象,容易彼此混淆,许多故事也都彼此相似。《疯狂的奥兰多》的题材似乎都是相同的,但同时又是以不同的形式呈现的。这种相同性和差异性互相结合,构成了《疯狂的奥兰多》的神奇性,同时也对阅读诗歌的方法

---

① 关于克罗齐和皮兰德娄之间的争执,请参阅卡塞塔·欧内斯托的论文《论克罗齐与皮兰德娄的幽默概念》,收录于《加拿大意大利研究期刊》第六卷,1983年,第103—111页。

提出了特定要求："我们应该用第三种方法来阅读这首诗，一方面要一直追随同一种内容，另一方面要注意到同一个内容一直在通过不同的形式被表达，这种一直相同但又变化无穷的表象正是这首诗的神奇之处。至于诗歌叙事和描述的各种具体要素，我们则可以不予关注。"（54）克罗齐认为，他所倡导的此种阅读方法可以让我们追踪阿里奥斯托那令各个人物和各个故事之间达成了平等与和谐的反讽艺术，可以让我们看到这种艺术的救赎意义："这种方法有助于提醒读者警惕那些所谓阿里奥斯托的诗歌基调和反讽会导致艺术的毁灭之类的言论，我们应该知道，毁灭一词的哲学意义是保护。"（55）几页之后，克罗齐再一次为那些"不理解哲学模式的人"（57）解释了毁灭一词的哲学意义。为了让读者更好地理解反讽的这种貌似彻底毁灭性，他将其比作绘画技术中的"罩色"，"罩色并不是说要消除某种颜色，而是让其变得柔和。"（57）反讽让其他各种情感都变得柔和了但并没有彻底消除它们，它们依然随着诗人情感中各自的强弱程度"或多或少地"（57）保留着自己的特色。

阿里奥斯托的反讽方法使得他作品中的任何一种情感从未走到一种极致，《疯狂的奥兰多》中一些有可能发展为悲剧的故事最终却都没有朝悲剧方向发展。美朵拉、泽比诺、泽比诺和伊莎贝拉之间的关系以及费奥蒂妮姬等人物的故事都有发展为悲剧的可能性，但是阿里奥斯托没有让它们那样发展，潜在的悲剧发展在诗歌叙事中往往会被一些干扰性事件所调节，其目的就是缓和悲剧效果。以伊莎贝拉的故事为例，所有的干扰性情景都是为了防止故事演变为悲剧而设计的一些插曲："这些情节都是为了营造一种效果，预防伊莎贝拉之死把《疯狂的奥兰多》变成一个悲剧，预防悲剧式宣泄的发生。"（59）这些干扰性情节可以让悲剧事件形成喜剧式放松，从而为这部作品营造"和谐宣泄"（59）。于是，阿里奥斯托的和谐或者反讽以这种方式在毁灭作品的同时拯救了作品。

在《阿里奥斯托、莎士比亚以及高乃依》一书中，克罗齐提出了艺术即反讽的艺术理论，但其后期著作中并没有对反讽理论再做出类似讨论。虽然《美学纲要》第三部分题为《反讽、讽刺与诗歌》，但克罗齐并没有在此部分仔细讨论反讽问题。偶尔提及反讽时他总是持否定态度，将其与讲究辞藻、但诗性衰落的"美学堕落"时代相联系，提出只有在"美学堕落"的时代，反讽才可能"以游戏、恶作剧、玩笑、戏仿或者漫画等特有的形式"① 大行其道。即使到了现代，反讽艺术依然会让人想到"诗性匮乏"或"美感匮乏"（138）。在美学堕落时代，反讽艺术会非常活跃，但却不能成为真正的艺术，只是"思想空洞、简单刻板的游戏而已"（139）。

在对浪漫主义时代以及浪漫主义作家的讨论中，克罗齐对反讽依然持批评态度。他认为浪漫主义作家创造了"一种崇高的反讽"或者说"一种深刻的幽默"（138）来防止反讽破坏一首诗歌的诗性特征。克罗齐在《美学纲要》中重申他在《阿里奥斯托、莎士比亚以及高乃依》一书中阐述的反讽观，强调了反讽对诗歌诗性的破坏性。他在此作中提到的"崇高的反讽"概念和他在阿里奥斯托研究中提到的和谐的反讽有相似之处，不过由于"崇高的反讽"与"幽默"概念更加接近而被克罗齐加以否定，他认为这些是和艺术内容无关的无聊的东西。

为了进一步对克罗齐的阿里奥斯托批评实践进行理论定位，我们必须得了解一下他在《美学纲要》中讨论的艺术整体性问题。克罗齐在《美学纲要》中并没有直接讨论反讽概念，但却提出了全新的艺术整体性和普遍性概念，这是对被他称作"旧

---

① 《美学纲要》，拉泰尔扎出版社1969年版，第138页。

美学"的1902版美学理论的偏离，同时也标志着他从特殊的、直接的、个体的情感研究转向了艺术中的普遍性情感研究。克罗齐在此作品中提出，在真正的艺术中，普遍性会改变个体性，会将其普遍化。如果任由个体情感与普遍情感产生对立，或者说如果从个体情感到普遍情感的转型没有完成，那么就会出现问题。在这种情况下，个体情感"就如同未被器官吸收的食物，转化为对身体有害的东西"（124）。而反讽便是此类有害物的一种，会破坏整个诗歌体系。克罗齐在此又一次提及德国浪漫主义作家兼批评家施莱格尔和蒂克的反讽概念所产生的极端负面影响，他们高度推崇反讽，认为反讽给诗人提供了"灵活性"，可以让诗人"与自己的写作主题保持距离，游离于主题之上"（125）。

克罗齐认为浪漫主义的反讽观点会让艺术成为"荒谬怪异的艺术"（125）并试图逆转这种趋势，因此提出一种类似于他在解读《疯狂的奥兰多》时采用的方法。正如我们之前已经所指出的，克罗齐在研究《疯狂的奥兰多》时批评那些试图将作品中某一种特定情感或内容认定为反讽的批评实践，他认为这部作品中的所有内容和情感都服从于具有和谐效果的反讽，在这种情况下，反讽的作用不再是破坏性的，而可以令整首诗变得和谐。克罗齐在《美学纲要》也表达了同样的观点，他提出，将艺术从现实中解放出来并不是要压制各种现实考量，而是将它们在艺术表征中进行平等再现："将艺术从各种现实考量中解放出来并不是一个压制各种现实利益的问题，而是让它们在艺术表征中都得到合理再现，只有这样，个体表征才可以脱离个体性、获得整体性，从而成为真正具有个体性的艺术。"（125）克罗齐在哲学意义上提出这种艺术概念，通过"罩色"的形式，借助反讽来获得艺术的普遍性以及和谐性。如果我们认为这就是克罗齐的反讽艺术理论其实也不大恰当，因为在克罗齐看来，生活从根本上讲是一个反讽，模仿生活的艺术自然必定是反讽的。

从这个角度来讲，《美学纲要》是克罗齐美学思想的一个转折点。克罗齐在研究阿里奥斯托这样一个推崇普遍反讽艺术的诗人时推出他的新美学构想并不是一个偶然的巧合，事实上，如果将克罗齐新美学理论和他在对《疯狂的奥兰多》的批评中相一致的内容加以比较，我们立刻就能发现阿里奥斯托诗歌对克罗齐在《美学纲要》中所提出的新美学理论的影响。总之，克罗齐对《疯狂的奥兰多》的解读是阿里奥斯托研究中的一个重要时刻，他让这诗中的一个核心要素得以彰显，让我们看到了诗中所阐释的相同性和不同性之间的重要关系，让我们明白了这两者之间的转换只有借助普遍反讽才可以实现。

我接下来要分析《疯狂的奥兰多》中一个可以很好地诠释克罗齐的反讽理论的情节。这一情节偏离了诗歌的主叙事，讲述了女妖阿尔西纳的故事。阿尔西纳将年轻的鲁杰罗引诱到她的魔法宫殿里，让其偏离了自己的命运轨迹。这个情节虽然只有短短的两个诗章，但是不少评论家都认为它是可以反映整首诗歌复杂程度的典范[1]。对这个情节最好的解读办法是将其与《奥德赛》中的女妖喀耳刻情节进行比较。跟《奥德赛》中的尤利西斯一样，鲁杰罗在被阿尔西纳的魔力控制之后也需要得到外界的帮助才能够继续自己的行程。当然我们也需要明白两者之间也存在区别：尤利西斯是借助雅典娜的神力获得了喀耳刻的帮助之后离开海岛的[2]，而鲁杰罗则

---

[1] 参见伊丽莎白·贝拉米的论文《阿尔西纳的复仇：再评〈疯狂的奥兰多〉中的反讽和寓言》，收录于《意大利年鉴》第12卷，1994年，第61—74页。

[2] 喀耳刻（Circe）是希腊神话中住在艾尤岛上的女巫。依据《奥德赛》的故事，尤利西斯一行人来到艾尤岛之后，喀耳刻邀请他的船员到岛上大餐一顿，却在食物中下药。船员们吃下食物后变成了猪。其中一名船员成功逃脱，回到船队里，并告诉尤利西斯这一情况。同行的赫耳墨斯建议尤利西斯用草药（Moly）去抵抗喀耳刻的魔法。一夜之后，喀耳刻爱上了尤利西斯，诱惑尤利西斯在艾尤岛上居住了一年，耽搁了其行程。——译者注

是在善良的仙女梅丽莎劝说之后自己偷偷逃离魔法宫殿的。两位英雄逃离危险的原因也是大不相同。尤利西斯逃离是因为他必须得回到伊萨卡岛上的家里去处理家事,而鲁杰罗逃离则是继续他命定通向死亡的旅程。富有反讽意义的是,如果鲁杰罗有可能避开命运的安排,那么待在阿尔西纳的魔法宫殿则可能是他唯一的救赎办法。

与阿尔西纳和鲁杰罗篇段可以参照阅读的还有维吉尔的《埃涅阿斯纪》。鲁杰罗可以被看作是埃涅阿斯,阿尔西纳则会让人想到狄多,虽然与喀耳刻对尤利西斯或阿尔西纳对鲁杰罗的爱恋不同,狄多对埃涅阿斯的爱恋中没有丝毫阴谋成分,但是她的爱恋却迫使埃涅阿斯待在迦太基,从而拖延了他完成建立罗马帝国的使命。

涉指荷马以及维吉尔经典作品最多的文学文本当然还是但丁的《神曲》,只有通过与《神曲》进行比较,尤其是与《神曲》中的"结巴女人"①(《地狱》第十九章)的故事进行比较之后,我们才可以看到《疯狂的奥兰多》中阿尔西纳情节的艺术焦点。当然,《炼狱》中的"结巴女人"并不是喀耳刻,但丁将她比作了用歌声诱惑尤利西斯、从而延误了尤利西斯的行程的赛壬女妖②③。《奥德赛》中,尤利西斯并没有因为赛壬的诱惑而耽误行程,但对于本研究而言,这并不重要。但是《神

---

① 《炼狱》中的"结巴女人"指塞壬女妖。但丁梦中初见塞壬女妖是在黑夜里,太阳尚未升起时,那时的塞壬女妖并不能唱出曼妙的歌声,而是结结巴巴的,而且身体畸形。作者用"结巴女人"指称塞壬女妖大概是为了强调女妖的双面性或事情的复杂性。《炼狱》描写赛壬女妖初次现身的诗行为:"When,' fore me in my dream, a woman's shape/There came, with lips that stammer'd, eyes aslant/Distorted feet, hands maim'd, and colour pale."——译者注

② 当然,《奥德赛》中,尤利西斯由于提前得到了喀耳刻的警告,对赛壬女妖的诱惑有所防备,所以并未受其诱惑而耽误行程,但根据但丁在《炼狱》中的情节安排,尤利西斯受塞壬女妖诱惑,耽误了行程。

③ 赛壬(Siren)是古希腊传说中半人半鸟的女海妖,惯以美妙的歌声引诱水手,使他们的船只或触礁或驶入危险水域。——译者注

曲》以及《奥德赛》中的两位英雄如何摆脱情欲牵绊、继续自己使命的方式却非常关键。在《奥德赛》中,这个过程是在作为理性化身的雅典娜的干预下完成的,她劝说喀耳刻和尤利西斯,让他们明白,即使不是为了一件高尚的事业,英雄尤利西斯也必须得离开海岛,因为这是他无法逃避的命运。《神曲》里的那个"结巴女人"尽管与《奥德赛》中的赛壬女妖有所不同,但这个人物对于解读荷马的《奥德赛》有一定相关性,因为她将《神曲》的关注焦点从《奥德赛》中的神转向了人的欲望和激情,提醒我们关注《奥德赛》中赛壬女妖篇段中的关键问题。而通过故意混淆女妖塞壬情节和喀耳刻情节,通过紧紧追随但丁《神曲》中的"结巴女人"情节,阿里奥斯托不仅揣摩到了荷马史诗和但丁诗歌中蕴含的深意,同时也重申了但丁诗歌中隐含的经验教训。

《疯狂的奥兰多》中的鲁杰罗和阿尔西纳故事的新奇之处在于这个故事模糊了《神曲》中的两个关键故事的界限,也就是《炼狱》第三十九章的"结巴女人"篇段以及《地狱》第十七章的美杜莎篇段。第一个故事意在强调恋爱中的人的神秘化,而第二个故事意在强调恋爱关系中的欺诈性。让我们来分析一下这两个故事。事实上,阿尔西纳和鲁杰罗故事一开头就提醒我们必须要从但丁想象中的地狱的视角去解读这个故事。描述鲁杰罗和鹰角兽降落到阿尔西纳岛上的诗行一开始就提醒我们鲁杰罗骑士即将陷入危险:鹰角兽在岛屿上空盘旋/ 它已逼近美丽的大地/ 假如骑兽人从兽背上跳起/ 或许可以从险地逃离/ 鲁杰罗降落到被照亮的草地/ 草儿缠绕着他,唯恐他飞向天际(《地狱》第九章 第49—54 行)[①]。这段

[①] 本译本对选自《疯狂的奥兰多》中的诗行的翻译并非是从意大利语翻译而来,而是根据原作中所引用的英译诗行翻译而来,英译本信息如下:威廉·斯图尔特·罗斯译,斯图尔特·贝克与巴雷特·吉亚玛蒂编辑,波布寺-梅里尔有限公司,1968 年。——译者注

第六章　反讽：阿里奥斯托　99

诗行的韵脚（salto/ smalto/ alto①）跟《地狱》第九章描述但丁和维吉尔面临被美杜莎变成石头的危险时的诗行是一样的：她们用指甲撕扯胸腔／她们用双手捶打自己／她们放声嘶吼尖叫／我在恐惧中与诗人相倚／"让美杜莎将他变成石头吧"／她们的尖叫声凄厉／她们狰狞俯瞰／"我们尚未复仇忒休斯的攻击"②。约翰·弗莱克卢对这几段诗行蕴含的复杂含义做了很好的解释，他认为这几行诗不仅仅呈现了由美杜莎即将出场而带来的危险，也呈现了与此对应的如何阐释这一危险的内在危险③。美杜莎在受到忒修斯的嘲笑之后变形为一个可以将任何人变为石头的女妖，她的出场预示了诗人阿里奥斯托自己对鲁杰罗和阿尔西纳故事的安排。同时，作为女妖，美杜莎也将那个"结巴女人"和阿尔西纳联系在了一起：她们都身体畸形，并且都是情欲的象征④。

　　正如弗莱克卢所说，但丁诗歌的这个美杜莎篇段中还包含了另一种危险，也就是误读的危险，此信息在但丁对读者的提醒中有所展示："哦，你们这些人的理解力很好／注意掩盖在那些怪异的诗行之下的信条！（《地狱》第九章，第61—63行）"。但丁意在提醒读者不要停留在对那些"怪异的诗行"的字面理解之上，而要去判断被掩盖在诗行之后的隐蔽意义⑤。从寓言的角度

---

　　①　这是意大利语诗行的韵脚，英译诗行并没有按照押韵翻译，此译本虽然是在英译基础上进行的英汉翻译，但是为了更好地体现原文作者引用这些诗行的目的，此译本将意大利语的salto/ smalto/ alto韵脚转换为汉语的地/起/际。——译者注
　　②　此书中但凡引自《神曲》的诗行，都是从查尔斯·辛格尔顿的英译本翻译的。《神曲》，查尔斯·辛格尔顿译，普林斯顿大学出版社1970年版。
　　③　参见弗莱卢克《美杜莎：文字和精神》，收录于弗莱卢克所著《但丁：皈依诗学》，剑桥：剑桥大学出版社1986年版。
　　④　参见弗莱卢克《但丁：皈依诗学》："据古代神话相传，美杜莎是一个女妖，从这个层面来讲，她和但丁《炼狱》中的塞壬女妖是一样的，本来是一个散发着臭味的女巫，但是信徒们却被她的歌声所蛊惑，以为其貌美如仙。"（127）
　　⑤　当然，对弗莱卢克而言，但丁这里是在提醒读者将自己的诗当作神学家的寓言，从而"规劝读者信仰上帝"。参见弗莱卢克《但丁：皈依诗学》，第134—135页。

来讲，美杜莎的威胁是对那些只看到表面意义、重现象而轻本质的读者的一种警告。正如但凡敢目视美杜莎的人都会被她石化一样，那些只停留在诗歌字面意义的读者其实也是让自己的理解力被人阉割了。

确定但丁隐蔽在诗行中的信条究竟是什么并不是本研究的关注点，本研究关注的是《疯狂的奥兰多》中阿尔西纳故事中所表达的一个类似的阐释混乱、理解力匮乏的情节。不过，阿里奥斯托并没有像但丁那样对读者提出警告，警告是由另一个诗歌人物阿斯托尔夫[①]发出的，他提醒鲁杰罗不要相信阿尔西纳。阿斯托尔夫本人已经遭遇过血的教训：他曾受到阿尔西纳的诱惑，由于控制不了自己的情欲，他作了她的情人，但是当阿尔西纳对他失去兴趣之后，将他变形为一棵桃金娘树。从这个角度来讲，阿斯托尔夫的遭遇是阿尔西纳邪恶本质的活生生的证据，或者说，阿斯托尔夫的下场充分证明了阿尔西纳的表里不一，但是鲁杰罗对于他的警告却置之不理，阿尔斯托夫可怕的下场一点儿都没有动摇鲁杰罗的决心，他将阿尔西纳美丽的外表当作其本质，再一次重复阿尔斯托夫的错误。

《疯狂的奥兰多》里不能以前人经验为戒的不仅仅是鲁杰罗一个人，其叙事者也不例外，他将阿尔西纳岛上环绕其城堡的一堵高耸入云的围墙描述为"金墙"，虽然他很清楚那墙不可能是黄金筑造的，只是阿尔西纳的魔法使其看上去如此，但他完全忘记了"发光的未必全是金子"这样的古老训诫，依然做出错误判断。叙事者对这堵墙的描写如下："远处一堵高墙映入眼帘/一座巨大的城堡环绕其中/墙顶似乎与云彩相触碰/墙体仿佛是黄金筑成/人言那只是魔法使然/或许他只是胡猜瞎蒙/或许他那是

[①] 受阿尔西纳女妖的诱惑，阿斯托尔夫成为女妖的情人，但后来女妖对其失去兴趣，将其变为一颗桃金娘树。——译者注

智者慧言/而我，断定那是黄金，因其光芒波动"（第六章，第59小节）。叙事者虽然不敢确定究竟是该相信古人的智慧还是自己的判断，但最终还是相信了自己的判断，忽视了表象可能具有欺诈性、凡事并非如其表象所是这样的经验知识，而只是依据自己所看到的表象做出判断。叙事者对知识和经验教训的拒绝影射了诗人阿里奥斯托对鲁杰罗主观臆断的批判。这一情节设计同时也意在说明，经验或训诫其实是无用的，因为很多时候我们并不是根据理性或者正确的理解做出行动，仔细探索掩盖在美好外表背后的信条，而是追随自己的情感做出肤浅的判断。

阿尔西纳和鲁杰罗的故事同时也阐释了另一个重要问题，即区分表象和现实的不可能性。那堵墙可能只是被施了魔法后看上去像黄金筑造的，但也有可能是真金铸成，很难判断真相究竟是什么。同样地，阿斯托尔夫自己的经历和他对鲁杰罗的警示已经揭示了阿尔西纳的真实面目，但是鲁杰罗却选择忽视这一切而只相信他已经看到的或想看到的表象。只有通过善良的梅丽莎的魔戒，鲁杰罗和读者最终才得以看清阿尔西纳的真面目。"伪装的阿尔西纳令他如此厌憎/可怕的事情正在逼近/……/曾经深爱的人现在令他如此憎恨/你也不要为这件事感到震惊/他对她的爱只是被魔法所迷/这枚戒指会将妖术彻底驱离"（第七章，第69—70节）。这个情节会让人联想到《炼狱》第十九章中的那个"结巴女人"，这一章里，但丁同样也被一个貌似美丽但其实丑陋畸形的女人所诱惑。不过，与《疯狂的奥兰多》中的鲁杰罗所不同的是，但丁并不是借助魔戒看清楚女妖的真实样子的。在但丁的判断中，人才是真正的女妖，其激情和欲望可以让他把一个丑陋无比的女人当作美人。所以，但丁其实是将神话中看清赛壬女妖的真实面目的过程颠倒了。故事一开始的时候，"结巴女人"丑陋怪异的本质就已被加以详细描述，而在故事的结尾，这个丑陋的女人化身为美丽的赛壬女妖，其曼妙的歌声可以催眠、诱惑路过的信徒。"梦中、一个女人向我走来/结结巴巴、双眼斜视、双足畸形、双手残废、皮肤蜡黄/我注视着她/晨辉复苏了她被夜晚冻僵的肢体/在我的凝视下,她的舌头变得灵活自如/身材变得亭亭玉立/面如春晓,仿佛有爱的甜蜜/当言语流畅之后,她便开始歌唱/我如此沉醉,难以自已"(《地狱》第十九章 第7—19行)。"凝视"的动作完成了将"结巴女人"化为美丽的塞壬的变形。正如我前面所说,在但丁看来,人的愿景、欲望和激情是女妖用来诱惑人的工具。人创造了令他欲望的欲望对象,这一点也是读者应该从这个故事中读到的意义,但是否真的有人读出了这层意义,值得怀疑①。如同梅丽莎用魔戒拯救了鲁杰罗一样,在但丁的故事中,但丁也是通过露西的介入才打破了女妖的咒箍,从梦魇中清醒过来。但是,如果说但丁认为辨清本质和现象的区别理论上还是有可能的话,阿里奥斯托则持完全否定的态度:无论表象多么有悖于理性,《疯狂的奥兰多》的叙事者选择相信自己看到的表象!通过诗歌叙事者完全依赖表象、忽视经验智慧的情节安排,阿里奥斯托让我们看清楚了人对待理性和经验的态度。

阿里奥斯托的悲观思想其实在《疯狂的奥兰多》将《炼狱》中的"结巴女人"情节和《地狱》中的热里翁情节相糅合的做法中已经有明确表现。有不少评论家指出,阿尔西纳故事一开始鲁杰罗骑着鹰角兽飞行的情节中就有热里翁的影子存在②。在但丁的作品中,长着一张正义的面孔但却蛇身狮子脚的热里翁寓意正义表象的欺诈本质。在但丁的作品中,骗局具有双重性,从来不会表里如一,其欺诈性恰恰在于让人以为智慧和正义是存在的,但其实只是掩盖其欺诈本质的假象,现引用《地狱》中类

---

① 这是对《神曲》中"结巴女人"情节首次做出这种解读。
② 参见撒切尔·塞格雷编辑的《疯狂的奥兰多》,米兰:阿诺尔多·蒙达多利出版社1976年版。

似的一处描述:"骗子的可恶形象终于出现/他先将头和上身浮出水面/尾部并未出现在河岸/他有一张正直人的脸蛋/他的外形如此慈善/殊不知他有蟒蛇的躯干/双足至腋窝毛发长便/背部、胸部及两侧画满了结扣和圆环"(《地狱》第十七章 第7—15行)。热里翁及其他类似怪物都是用来预示地狱中的"邪恶之囊"以及其他所有可以划入热里翁类型的犯罪者的,但在《疯狂的奥兰多》中,阿里奥斯托让热里翁出现的目的是揭示阿尔西纳情节中的表象和现实的双重性,或者说是揭示人为了实现自己的爱情目标或人生目标而对表象所进行的任意操控。

鲁杰罗在知道了阿尔西纳的欺骗本性之后也学会了欺骗。在梅丽莎的建议之下,他向阿尔西纳隐瞒了自己离去的真实原因。当然,鲁杰罗这么做是为了保证自己可以安全离开,但是阿里奥斯托这么安排情节绝不仅仅是为了保全鲁杰罗的性命,这一点借由文中多次重复出现的"假装"、"伪装"、"假冒"及其他同义词可以确定。无论鲁杰罗有多么正当的理由进行伪装,他后来对阿尔西纳的所谓爱情的确是在假装。阿尔西纳虽然是个女巫,但她并无法识透他的假象,和最初的鲁杰罗一样蒙在鼓里。阿尔西纳甚至都不能判断这个她爱恋的男人是否真的爱她。从这个层面来讲,人和妖之间的界限坍塌,两者都是骗人者和被骗者,两者均无法借助魔力或理性做出正确判断:"哦,我们身边有多少的男巫/哦,我们身边有多少的女妖,只是不为人所知!/他们的爱让对方熠熠发光/让对方变成别的模样/没有地狱的邪恶力量的助长/亦无天堂神力的帮忙/欺诈和阴谋的心灵/让其执迷不悟/——而那些持有天使的魔戒者/或者在那个得到理性的魔戒加持的地方/能看清目光所及处每一张真实的面容/未被修饰或伪装的面容/那些貌似白皙姣好的面容/褪去伪饰后可能邪恶丑陋/鲁杰罗也有所佩戴/佩戴着那可以辨清真相的魔戒/——而我必须得说,鲁杰罗依然在伪装/"(《疯狂的奥兰多》(8.1,8.2,8.3)。恋爱中的人和妖似乎没有区别，因为在此状态下，人也是魔法师、引诱者或骗子。人的"魔法"不是神奇药水或者咒语，而是谎言、伪装和欺骗。假如人真的具备理性，那么理性可以让其看清一个人的本质，可以让其辨别虚假的和真实的感情。但是，在阿里奥斯托看来，人拥有"理性"的可能就如同妖怪拥有"真正的"魔力一般希望渺茫，阿尔西纳之流被认为无所不能的妖怪们并不具备"真正的"魔力。

《疯狂的奥兰多》中的阿尔西纳故事虽然不长，但足以展示阿里奥斯托的诗歌艺术，通过模糊人的世界和超自然界之间的界限，他将两者并置在一个充满反讽的位置。荷马史诗中的喀耳刻故事其实是人生旅途中的诸多寓言之一，但丁《神曲》中的"结巴女人"情节颠倒了人和神话故事之间的区别，它指出，神话故事只是人的任意创作，而且是一个危险的创作，因为人在创造神话之后居然忘记了自己是神话的缔造者这件事。而到了阿里奥斯托那里，人和神话故事之间的区别彻底消失了，两者之间没有本质区别，人的世界和魔力世界之间不再有任何区别。

以上对阿尔西纳情节的分析证实了克罗齐提出的反讽即和谐的概念，这样的反讽不会影响艺术的本质，相反，通过恰如其分地对所有人物和各种感情进行反讽，在诗歌世界构造出一种和谐的平衡。正如之前所说，阿尔西纳情节设计是为了说明爱情的不可靠性以及欺诈的不可识别性。阿里奥斯托用反讽艺术控制着故事的每一个环节，并且颠覆了每一处逻辑预设。故事中的每一个人物既是受害者又是施害者，没有永恒的高手存在，就连叙事者本人也不例外，他对理性的求助跟妖怪们对魔力的求助一样无效。这种反讽会对鲁杰罗的叙事形成一些干扰，但不会造成损害，鲁杰罗的叙事会继续下去，直至结尾，而叙事的结尾也是鲁杰罗本人的"终结"。

虽然《疯狂的奥兰多》所处理的是一个与以往的许多作品

相同的题材，但却运用了全新的呈现方式。如同我之前所说，正是这种相同和不同的结合铸就了阿里奥斯托艺术的"魔力"，也对阅读其诗歌的方式提出了特定要求。这同时也是克罗齐的批评理论和实践给予我们的经验教训。

第七章

哲学戏剧：皮兰德娄

克罗齐不认为皮兰德娄是一个伟大的作家，这并不是一个秘密[①]。在一篇评论皮兰德娄的文章中，克罗齐否定他在其戏剧作品中表现出的"哲学化"及"普遍化"倾向。当然他主要关心的问题是皮兰德娄作品从美学角度讲是否可以接受："批评从本质上讲就是将美的作品和丑的作品加以区分，这也是我们面对皮兰德娄作品时唯一关心、唯一重要的问题（我们关心的肯定不是他那莫名其妙的所谓'哲学思考'，更不是他那所谓生命是流变和形式的普遍主义思想，这种说法连哲学入门者都觉得好笑，好像流变没有形式似的，好像流变没有生命因此只能流

[①] 关于克罗齐-皮兰德娄之争以及克罗齐自己对此争议的解读，请参阅卡塞塔《克罗齐及皮兰德娄论美学问题》（"Croce, Pirandello e il prbolema estetico"），载《意大利人》（*Italica*），1974年第1期，第55卷，第20—42页。亦可参阅他的另一篇文章《克罗齐及皮兰德娄论幽默》（"Croce, Pirandello e il concetto di umorismo"），载《加拿大意大利研究期刊》，1983年第6期，第103—110页。这篇文章是对前一篇的删减版。卡塞塔指出，克罗齐和皮兰德娄之间的矛盾并不仅仅源于皮兰德娄在1908年发表的《论幽默》一文，同时还有另外一件事情：为了得到他在罗马任教单位的语文学主席职位，皮兰德娄故意反对克罗齐及其在1902版《美学》一书中所表达的喜剧观。卡塞塔也补充道，皮兰德娄这么作的目的同时也是"向自己及他人厘清他自己理解艺术的特定方法"（108）。卡塞塔认为，两位批评家之间存在误解，而双方"共同的敌意"加剧了"术语误解"（108）。关于皮兰德娄自己对这场争执的意见，请参阅安东尼奥·皮尔马洛所撰写的《皮兰德娄与克罗齐》（"Pirandello e Croce"），收录于《文学史批评》（*Saggi critici di Storia Letteraria*），第183—196页。

动似的！）①"（163）

在其收录于《意大利新时期文学》中的一篇评论皮兰德娄的文章中②，克罗齐将皮兰德娄放置在自然主义流派之中，用类似上一段的语言对其进行了评价。克罗齐认为从弗尔加到迪·贾科莫，从卢伊吉·坎普纳到德·罗伯特的这些伟大的自然主义派或真实派作家所具有的写作特点皮兰德娄都不具备。他认为，与这些伟大的意大利自然主义作家相比较，皮兰德娄的作品特点是"黑暗悲观主义"（355），是对自然主义主题的"机械加工"（355）。

克罗齐的主要批评对象是皮兰德娄在其戏剧作品中所表达的"伪哲学思考"和"伪深沉"（372），他认为过度的哲学化倾向扭曲了皮兰德娄的作品："如果要我对他的写作方法进行简单定义，我要说的是：没完没了的哲学思考扭曲、扼杀了他的一些艺术思想，导致他的作品既不是艺术的也不是哲学的，其本质性缺陷阻碍作品向任何一个方向恰当发展。"（357）我们可以从克罗齐对皮兰德娄一些作品的解读中清晰地了解其观点。他对这些作品都基本表示赞同，但认为作品的结尾却总是令他很困惑。以他对《给裸体者穿上衣服》（*Vestire gli ignudi*/*To Clothe the Naked*）这一剧本的批评为例。该剧讲述了一个女人的故事，这个女人打算自杀，但为了将自己打造成一个纯洁无辜的人，在自杀前编造了一个虚假的故事来掩盖其人生污点，但自杀未遂。之后，她编造的故事逐渐被人戳穿，而她的真实经历其实并无人知晓。后来她又实施第二次自杀并且成功。这是一个很好的自然主义主题作

---

① 贝内戴托·克罗齐：《对话批评》第四卷（*Conversazioni critiche* V），拉泰尔扎出版社1951年版。
② 贝内戴托·克罗齐：《卢伊吉·皮兰德娄》（"Luigi Pirandello"），收录于《新时期意大利文学》（*Letteratura della Nuova Italia*）第六卷，拉泰尔扎出版社1957年版，第354—373页。

品，克罗齐对故事本身基本赞同，但是他认为皮兰德娄对这个悲剧故事的处理存在缺陷，因为皮兰德娄试图将这么一个企图掩饰自己真实人生的女人的个体故事过度普遍化，从中提炼出"人人都有维持假象的需求"这一有关人生境遇的普遍真理。克罗齐认为这种普遍化毫无意义："这里似乎揭示了一个悲伤的人生定律，但其实什么也没有揭示，因为本来就没有什么可揭示的。"（360）克罗齐所反对的正是皮兰德娄总是要将一个个体故事转化成一个基本规律或者一种人生反思的这种倾向。

克罗齐对《各行其是》（Ciascuno a suo modo/To Each His Own）的评论也类似。这部剧作中的男主人公自杀了，因为他遭遇了深爱的女人的背叛。但是没有人知道她背叛他的原因。有人说她这么做是早有预谋，有人说只是因为她不想嫁给他。但是皮兰德娄将这么一个简单的自然主义情节又上升到有关环境和人生的一个普遍状况，即每个人都不了解也无法了解自己，每个人都是别人对自己偏见的猎物。克罗齐认为，当并不存在任何实际问题或者当一个问题并无法得到解决时，压根就没有必要提出问题，按他的话说，"对于一个根本称不上是发现的发现为什么要有这些感伤或者吃惊呢？"（363）克罗齐在解读皮兰德娄的《亨利四世》时再一次指出，"谁是疯狂的""谁是理智的""我们能否了解他人"之类的问题是皮兰德娄进行哲学思考的典型方式。克罗齐认为《是这样，如果你们以为如此》（Cosi e/This is So, if You Think So）也遵循着同样的模式。该故事围绕着一个女人展开，她被一个男人称为自己的第二任妻子，并且在第一任妻子死亡之后娶了她。但是第一任妻子的母亲却出来宣告，他所谓的第二任妻子其实就是她自己的女儿、他的第一任妻子。究竟谁在讲真话而谁是疯狂的这一问题只有通过调查这位当事女性才可以得到答案，然而这位女性却拒绝告诉真相，因为她不想揭穿另外两人赖以生存的幻象。克罗齐认为，如果不是因为皮兰德娄最终将其变成一个"人生寓言",那么这个故事情节本身是富有艺术性的:"如果从当事女性视角对这个问题以一种反讽但又满怀同情的方式予以解答,那么这部剧将会具有其艺术灵魂.然而,其作者却更加热衷于将作品变为一个寓言,藉此阐释'你希望真相是怎样就是怎样'这一主题。"(365)作为一个寓言,其主题就很显幼稚,因为这样的设计迫使两人中有一个人必须得因为疾病或苦难而变得疯癫。

克罗齐认为《寻找自我》(Trovarsi/To Find Oneself)这一戏剧的特点也是老一套,不过,或许因为这部剧触及的关键问题是人生和艺术,克罗齐对该剧的批评稍有变化。剧情围绕着一位女演员的人生困境展开,她失去了社会身份,以为通过重新登台可以重获身份。克罗齐认为,从经验角度来看,这个故事有其"意义和目的"(366),本身不存在任何问题。但问题在于,其作者又一次将作品的核心问题转变为关于艺术和人生的普遍问题,即个体"能否从人生或艺术中发现自我"(366)的问题。克罗齐认为这是一个虚假的问题,因为这个问题不能仅限于演员或艺术领域,而是涉及人类活动的各个领域:"每一个特定活动(无论是政治的、经济的、还是哲学的)中都存在干预一个人的余生行为的一种趋势。"(367)这句话其实表明克罗齐在此评论中出现了不同于他以往评价皮兰德娄作品的变化,虽然他还是一如既往地反对皮兰德娄,但这句评价似乎也暗示,普遍化或哲理化并非经常都是皮兰德娄个人主观而为,有时可能也因为受到了外在干扰。具体来说,克罗齐的这句话表明,从部分向全部、个体向普遍的转变趋势似乎是一个语言事实,内在于语言机理之中,会任意干扰我们所做的范畴区分,从而使得由部分向整体的转变成为可能。从这个层面来说,那些受到克罗齐批评的所谓皮兰德娄的错误判断并不单纯是皮兰德娄的个人问题,也可以追溯到语言本身的问题。

克罗齐此处提到的这一问题不再指向皮兰德娄个人,而是指向语言本身。他认为语言的修辞、比喻以及文法特点本身就有破坏或阻碍逻辑思考的倾向性,而所有的范畴式错误均源于这种破坏性因素,源于语言本身可以从一个范畴转向另一个范畴的倾向性,或者说源于像皮兰德娄那样对基本经验概念化来证明哲学真理的做法。克罗齐提出,如果一个作家对语言的破坏特点有明确意识,那么修辞语言所形成的破坏一般都可以被加以预防或抵抗。由此可见,他最关心的是语言本身的问题而不是皮兰德娄这一作家的问题。他写道:"这种破坏也是为什么我们应该对自我有一定的警惕、要让自己清醒、要明白我们眼前是什么,当下必须要做的事情本质和之前做过的事情本质是完全不同的。"(366—367)克罗齐认为对语言的破坏性有所意识并加以预防是有可能做到的。他在批评维科的《新科学》时依然认为语言对表达的干预倾向是可控制的,但是他认为维科没有做到这一点,皮兰德娄也没有做到这一点,所以应该受到批评。

但是如同维科没有做到一样,克罗齐自己其实也无法控制语言的破坏性,无法阻挡其对自己的话语形成破坏。他在讨论皮兰德娄的《寻找自我》这部剧时的话语其实已经从个体问题转向了一个更加普遍、更加哲学化的问题,即从一个丧失了自我的女演员试图从艺术中找到自我这个话题转向了一个人能否从人生或艺术中重新找回自我这个普遍话题。也就是说,他的话语其实从皮兰德娄这个个案转向了普遍性的哲学问题以及哲学语言的干预性问题,这种情况其实也是克罗齐在为自己的哲学体系确立认识论合理性之路上面临的一根刺。换句话说,克罗齐自己不自觉中正好使用了他所批评的皮兰德娄所使用的那种方法。他一方面在提醒我们谨慎对待语言的破坏性,而另一方面却没有意识到他自己的话语已经受到了破坏,让他从对文学问题的讨论转向了对哲学问题,以及概念性语言当中内在的危险性问题的讨论。

克罗齐对《寻找自我》中的故事所做的评论说明了修辞语言的破坏性，同时也说明了这种破坏的普遍性，他在提醒大家警惕语言的破坏性特点的同时并没有意识到语言对他自己的表达何时已经形成了破坏。剧中的故事说明，一个人无法识别自己的自我究竟在哪里，不知道究竟能够在艺术中还是生活中觅得自我，这不仅是因为艺术和生活之间很难划清界限，也因为当下的事情和之前的事情之间也很难划清界限。当克罗齐在做出这一评论时其实并不清楚他自己的话语究竟属于哪个领域，也不知道他自己当下所做的事和之前所做的事是否相同。

认识到这一情况对于我们分析克罗齐对皮兰德娄的解读有何意义呢？首先，这种情况表明克罗齐对皮兰德娄普遍化、哲学化的主题表达所做的批判其实已经转向了对内在于皮兰德娄艺术的提喻性语言进行批判，正是语言的提喻性特点使得艺术和哲学之间的界限变得模糊。克罗齐认为皮兰德娄的戏剧艺术由于模糊了艺术和哲学的界限，从而危及哲学本质，因此是有缺陷的，然而他自己也没法改正这个问题。从这个层面来说，我们应该这样看待克罗齐对皮兰德娄的批评：他这么做其实是为了试图将提喻性语言产生的不良影响控制在经验体系之内，不让其漫溢到哲学领域。换句话说，皮兰德娄被他当成了提喻性语言具有的破坏性的代名词，因此提出必须要对其加以控制、批评、矫正。

由此看来，要将克罗齐对皮兰德娄剧作的批评和他对提喻性语言导致的艺术和生活以及艺术和哲学之间的转换所进行的批评区分开来是不大可能的，这倒使得我们可以换一种方式来解读克罗齐对皮兰德娄其他作品的批评，我们会发现这些评论不再只是简单地涉及皮兰德娄或克罗齐，而是反映了哲学戏剧受修辞语言的任意性控制的情况。

我们要分析的第一部剧作《戴安娜和图达》(*Diana e la Tuda/Diana and Tuda*) 也是一部典型的皮兰德娄作品，存在"典型的理论放大"（367）。剧中，一位雕刻家认为他的作品不再具有生命从而将其悉数毁坏。皮兰德娄然后斥责艺术，认为艺术将生命流禁锢在艺术形式之内。面对这部剧提出的这一普遍化结论，克罗齐依然坚持他一贯的观点，即艺术从来不是和生活对立的，从来不可能被禁锢在其形式之内。他认为如同生活中万物生死交替一样，艺术永远都在形成新的形式。艺术形式的变化特点与生活的特点相同，艺术就是生活。

为了更好地解释艺术与人生相同的原因，克罗齐分析了皮兰德娄的《当某人成为要人》（*Quando si e qualcuno/When One is Somebody*）这一戏剧。他想说明导致艺术和人生相同的原因其实跟艺术和人生都没有关系，而跟支配两者的一种思想过程有关。这部剧中的男主人是一个被别人的评判束缚着的囚徒，没有属于自己的生活、没有自己的思想或情感。他觉得自己已经死了，是自己的纪念碑。克罗齐批评这个"所谓的悲剧"的情节安排，认为这个故事涉及的关键问题其实就是非常常见、但却常被人误解的思想进行过程所存在的问题："这个所谓的悲剧其实讲的就是人的思想过程所面临的问题。无论伟人还是普通人，在思考过程中都不可避免地需要进行分类，但是人在判断新生事物时存在的障碍和偏见常常会使分类出现偏差。"（368）克罗齐将皮兰德娄的这部所谓悲剧解释为在思想更新过程中需要持续使用分类法的这一思想过程。这个故事的侧重点其实在于揭示分类思考过程中遭遇的困难，旧有的形式或分类本应让步于新的分类，但往往却变成了障碍和偏见，阻碍新的形式形成，从而阻碍正常的革新过程。在这种情况下，思想处于僵化或死亡状态。

事实上，这部剧中的故事揭示了思想过程的悲剧：由于受思想过程中出现的偏见的影响，思想很难直击本质，很难完成其正常活动。克罗齐实际上为我们提供了一幅真实的思想过程场景，这一过程常常受到偏见的阻碍，难以进行自我更新。当然，这样的解读瓦解了克罗齐意欲证明的东西，因为思想的运行本身并不是以新换旧的有机代谢，思想运行过程中启用的分类理解法同时也使得真正的理解不可能实现，旧有的形式和分类既是认知形成的基础又不可避免地阻碍认知。

思想的悲剧在于它没法改变这个过程。分类理解过程中出现的偏差以及由此产生的理解障碍和偏见其实并不是思想过程本身的问题，而是语言本身的问题。偏差形成的根源在于语言、或者说修辞性语言本身所形成的干预。

令思想得以进行同时又阻碍思想运行的正是语言或者修辞性语言。事实上，无论是将个案抽象为普遍、将艺术直觉抽象为概念的哲学家，还是像皮兰德娄这类将一个普通的个体艺术事件任意普遍化，将其上升为一个适用于万事万物的公理的作家，都常常采用以部分代替全部的提喻法。既然服务于哲学家和作家的语言都是一样的，那我们怎么能够确定何为哲学何为艺术呢？克罗齐以为他自己可以通过对皮兰德娄的批评来将二者加以区分，但显然，他的批评实践本身表明他没法将二者加以剥离。他的批评文本最终所揭示的其实是思想本身的悲剧：思想被困于理解过程之中，找不到任何出路。

所以，克罗齐对皮兰德娄的批评是否公平这一问题本身是不存在的。克罗齐分析皮兰德娄只是试图解决有关哲学的问题，确切地说，是试图将哲学跟艺术类或非哲学类文本加以区分，但事实证明二者是没法区分的，克罗齐没法确定究竟应该将皮兰德娄戏剧中的普遍化论述当作理论还是非理论、哲学还是非哲学来对待。但根据克罗齐的具体批评文本来看，他否认剧作者皮兰德娄在戏剧文本中插入那些阐释意味着作家本人在这么做的时候将自己的故事或者戏剧当成了哲学理论："在我看来，这些例子足以证明这一点，没有人会认为皮兰德娄在戏剧故事中插入的那些阐释表明他错误地将这些解释当作理论，他本人并不是这么想的。"(369)其实,克罗齐的目的在于证明皮兰德娄戏剧文本中插入的阐释并不具备理论性,但是为了实现这一目的,他首先必须得将皮兰德娄的普遍化阐释当作理论。克罗齐自己实际也是陷入了修辞性语言或者思想过程的分类所带来的双重束缚之中,这种悖论既允许又限制他实现自己的目标。

从克罗齐将皮兰德娄与莱奥帕尔迪①相比较可以看出他对皮兰德娄的定位。他将皮兰德娄比作莱奥帕尔迪,但不是作为诗人的莱奥帕尔迪而是作为辩论家的莱奥帕尔迪,《道德小品文》的作者莱奥帕尔迪。他写道:"阅读皮兰德娄时让我们感觉似乎在阅读莱奥帕尔迪,但不是作为诗人的莱奥帕尔迪,而是《道德小品文》作者莱奥帕尔迪,那个自己在辩论同时也在与我们辩论的散文作家莱奥帕尔迪。"(369—370)这一比较表明,对克罗齐而言,皮兰德娄是一个散文家、辩论家或理论家,而不是诗人或者艺术家。这一比较也表明,克罗齐没有将皮兰德娄归入以弗尔加或坎普纳为代表的真实派诗人或作家,而是将他当作一个寓言家。也就是说,皮兰德娄的艺术被克罗齐定义为寓言,而根据他的1902版《美学》,寓言是一种伪美学形式。如果不考虑到目前为止我们只讨论了克罗齐解读皮兰德娄文学作品的一部分,我们会以为克罗齐的确是这样定位皮兰德娄的。但其实,皮兰德娄作品的另外一个重要特色在他的论文《论幽默》中有很好的体现,在没有了解克罗齐对这篇文章的评价之前,我们没法对克罗齐的皮兰德娄批评形成正确判断。下面我们就来看看他对这部作品的解读。

克罗齐对皮兰德娄的幽默观的解读在对其剧作《各行其是》

---

① 贾科莫·莱奥帕尔迪(Giacomo Leopardi)(1798—1837),意大利杰出的浪漫主义诗人,代表作有《致意大利》,《但丁纪念碑》等。——译者注

的分析中就有所涉及。克罗齐是以吃惊的口吻讨论这部戏剧的，他认为在一部以盲从和背叛的人物为主角的戏剧中出现大篇幅的评论和理论辩论，同时还使用剧中剧的叙事方法是很令人吃惊的："《各行其是》这部剧中的人物及其行动都呈现出强烈的盲目性，但剧中不仅有连篇累牍的讨论和理论分析，而且还启用了古老的'戏中戏'手段，其中有两幕戏是正常的戏剧表演，而另外两幕中，人们可以看见并听见包厢以及观众席上的观众，可以观看戏剧场景和现实生活之间的反应和互动。"（370）从情节安排来看，剧中人物是盲目的、充满恶习的，但是他们居然又会自觉地讨论自己的问题。剧中大量的理论讨论和争执是他们自觉性的明确体现，但这样的安排不符合他们盲目顺从的性格特征。

这种不协调性在"剧中剧"技巧的使用中体现更加强烈，这种使用元语言来自我评论的方法加倍了角色性格和叙事方法之间的不协调性。皮兰德娄在其《六个寻找作者的角色》中也使用了剧中剧的方法，皮兰德娄频繁使用这一技巧其实是他试图从一个反讽或者幽默的维度来观赏戏剧以及演员的特别方法。在其《论幽默》一文中[①]，皮兰德娄对幽默做了如下定义："幽默是某种情感经由特殊的反思活动后形成的情感对立面，经由反思后，幽默不再是隐藏不露的，但也不会成为一种具体情感形式，而是情感的对立面。幽默紧紧追随情感，就如同影子追随身体一般。寻常的艺术家只会关注身体，而幽默作家则会兼顾二者，有时对影子的重视程度甚至超过身体：他会注意到影子的各种活动，包

---

① 皮兰德娄论幽默的随笔初次发表于1908年，《论幽默》，兰西亚诺：卡拉巴出版社。此处所引用的版本是1920年修订的第二个版本，收录于《随笔、诗歌及其他著作》（Saggi, poesia, scritti varri a. c. d.），蒙达多里出版社1960年版。克罗齐对这篇文章的评论首次出现于《评论》期刊，1909年第三卷，第219—223页。重印后收录于《对话批评》（Conversazioni critiche）第一卷，第四版，拉泰尔扎出版社1950年版，第43—48页。英译本信息为：On Humor，安东尼·伊里亚诺（Antonio Illiano）及丹尼尔·泰斯塔（Danial Testa）译，北卡罗来纳大学出版社1974年版。

括它怎样变长、怎样变短、怎样变粗，似乎在模仿身体，而身体却对影子毫不在意。"（45）克罗齐轻而易举地指出了皮兰德娄的幽默定义所存在的问题：对情感的反思要么是艺术的一部分，因此和艺术是不可分割的，要么是外在于艺术，因此不是艺术而是评论。他写道："事实上，他（皮兰德娄）认为反思是幽默的鲜明特点，但其实，反思要么是艺术主题的一部分，因此并没有自己的鲜明特点，无论是在悲剧还是喜剧艺术中，思想或反思都是主题的一部分；反思要么只能外在于艺术作品，而在这种情况下它就只能是评论而不是艺术，更谈不上是幽默艺术。"①（45—46）我们知道，克罗齐在《论但丁诗歌》中对寓言加以否定，认为寓言要么是艺术的一部分，因此与艺术是一体的，要么是外在于艺术，因此是非艺术②。在这里，他以同样的方法否定了皮兰德娄的幽默理论。换句话说，克罗齐不允许幽默成为艺术整体的一个独立部分。幽默要么是与艺术合为一体因此并无自己的特色的，要么是有自己特色而并不隶属于艺术的。假如幽默是艺术的一部分，那么就没什么可独立讨论的，假如幽默不是艺术的一部分，那么同样也没什么可讨论的。这是一个强有力的论证。但是如同寓言的情况一样，事情的表象往往和真实情况不太一样③，有关幽默的问题更加复杂，并不是可以轻易否定的。

在其《卢伊吉·皮兰德娄》一文中，克罗齐对幽默问题也有所讨论。他在此文中对皮兰德娄的小说《已故的马蒂亚·帕斯卡尔》（*Il fu Mattia Pascal/The Late Mattia Pascal*）以及《一年里的故事》（*Novelle per un anno/Stories of a Year*）中的一些小故事进行分类讨论，这些小说是皮兰德娄后来创作戏剧的基础。虽然克罗齐对皮兰德娄这些早期的自然主义或真实主义作品有所肯

---

① 《对话批评》，第一卷，第四版，拉泰尔扎出版社1950年版，第43—48页。
② 请参阅本书第五章。
③ 请参阅本书第四章。

定,但他也认为这些作品称不上是杰作,没法与同时期其他伟大的自然主义作品相媲美。不过克罗齐也提出,皮兰德娄的叙事在这一时期出现了变化,变化的端倪在《已故的马蒂亚·帕斯卡尔》中已经有所显现,在之后的《裸露的面具》(*Maschere nude/Naked Masks*)这部"从小说改编的戏剧"(356)以及其他几部类似的小说中得以延续。那么这一变化究竟是什么呢?克罗齐通过指出皮兰德娄早期自然主义创作中所缺乏的元素来解释这一变化:"个人情感和反思类的主观要素在早期作品中是缺失的,或者是微弱的。"(356—357)换句话说,皮兰德娄早期作品"令人疲乏厌倦"是因为缺乏主观性,他那描述表面现象的自然主义叙事本身不能深入挖掘思想和情感,从而抹杀了探索丰富的思想和情感问题的可能性。但是在《已故的马蒂亚·帕斯卡尔》这部全新的、"与以往不同的、甚至完全对立"的小说中①,皮兰德娄开始了对情感的充分探索。与此同时,他的创作也逐渐由小说转向戏剧。不过,皮兰德娄并不是直接开始创作戏剧,而是将他早期的短篇小说改编为戏剧,小说中的自然主义情节在戏剧中得到了充分释放,戏剧在对小说情节反思的基础上让思想和情感得到了充分表达。

使得《已故的马蒂亚·帕斯卡尔》、另外几部小说以及戏剧有别于其他的皮兰德娄作品的主要元素其实就是幽默,也就是说,这些作品的反射式、元语言式叙事如同伴随着身体的影子,改变了他早期小说中平庸的自然主义情节。克罗齐对这一改变持肯定态度,不过他并没有直接予以肯定,也没有将这一元素称为"幽默"。他说:"我们在谈及皮兰德娄及其艺术时,其实指的是

---

① 请参阅由笔者撰写的分析这部小说的文章《〈已故的马蒂亚·帕斯卡尔〉的寓言及幽默叙事》("Narrative allegorica e umoristica nel Fu Mattia Pascal"),收录于《南方文化与意大利文学》(*Cultura Meridionale e letteratura Italiana*),洛夫莱多出版社1985年版,第665—680页。

他的第二种方式,"(357)克罗齐从审美视角出发,根据艺术和哲学的差别将皮兰德娄的艺术称为"第二种方式"。他其实想表达的是,皮兰德娄的艺术"具备一些艺术思想,但却被他那冗长的哲学讨论扭曲了"(357),结果我们所面对的"既非纯粹的艺术也非纯粹的哲学",因为其作品"受根本性缺陷阻碍,既难以成为艺术也难以成为哲学"(357)。

克罗齐虽然将皮兰德娄的后期创作界定为"幽默性"作品,但是他并没有将这一界定直截了当地表达出来,因为根据他早期的美学原则,"幽默艺术"是"不可想象的"、"不存在的"(358)。他所依据的原则是,如果幽默是由诗性叙事之后出现的批评性论述形成的,那么它肯定和诗歌艺术是不同的,而"如果幽默是通过强烈的情感或想象形成的,那么则会出现一种不平衡,这种情况在皮兰德娄的第二种方式中明显存在。"(358)正如之前已经提及,克罗齐对皮兰德娄幽默诗学的讨论主要是在分析《各行其是》这部戏剧时进行的,剧中人物给人的初步印象是盲目迟钝的,但戏剧采用了"剧中剧"的叙事方式,角色同时也是观众,可以对戏剧活动进行公开评论,这种反思式叙事方式中加入的人物之间的讨论和争执似乎又令人改变对他们的初步印象。

如此看来,克罗齐似乎承认了《各行其是》类的剧作是"幽默艺术",其幽默性在于反思式叙事打破了自然主义故事情节的预设。但他很快又否定了这个观点,认为皮兰德娄贪图方便、急于求成,滥用这种叙事方式,将其变成了一种肤浅的套路:"有人称其为'幽默',但其实称其为'套路处事'更为恰当一些,皮兰德娄得以海量创作戏剧作品靠的就是这种套路。他找到了一个菜谱、一种方式,一种和愤怒或痛苦毫不沾边的方式。"(370)正如许多评论家已经指出的,克罗齐对"幽默"持否定态度、不愿意为其命名的主要原因是他在1902版《美学》

一书中曾经批评滑稽、幽默以及反讽,认为它们是一些反美学的伪概念,是需要清除的写作缺陷。他认为艺术唯一关心的是美以及"表达的恰当"(102),而"幽默"或滑稽之类的概念虽然可以成为艺术主题的一部分,但却永远无法成为美的东西[①]。

克罗齐否定皮兰德娄的反讽风格作品其实还有更重要的原因,他认为皮兰德娄的伪哲学分析式书写方式无意中打开了潘多拉的魔盒。克罗齐提出,"他的风格像一个怨气冲天的知识分子,他唤醒了逻辑妖魔的魂魄,但却对其无法控制或加以消除,自己反倒成为对方的囚徒。"(370)皮兰德娄在其戏剧或幽默小说中唤醒的"逻辑妖魔"其实就是他使用的那些隐喻式语言,这些语言忽视逻辑范畴,在各种范畴之间任意转换,因此破坏了论述逻辑。被皮兰德娄称为"幽默"的这种破坏性因素其实也就是通常所说的反讽,反讽是对我们之前提到的提喻式转换的补充。提喻负责从特殊到普遍或者从普遍到特殊,而反讽则指那种会影响范畴分类、使逻辑方法难以进行的破坏性因素。

克罗齐对皮兰德娄的幽默或反讽的批评是以将他定义为一个"一辈子都不曾阐释过一个哲学观点的伪哲学家"(371)的方式进行的。《论幽默》是皮兰德娄唯一一次阐释哲学问题的尝试,但结果证明他根本不具备找出一种逻辑方法的能力。

克罗齐轻视皮兰德娄的贡献,将他描述为一个投机分子,一个只擅长卖车的超级推销员。他特意提到美国汽车大亨亨利·福特曾经说过因为皮兰德娄出色的推销能力而想将他带到美国去的这件事。福特曾经对皮兰德娄说过:"我想让大家看到,我们一起合作准能赚到盆满钵满。"(372)[②]

[①] 参见克罗齐《令人愉悦的美学及伪美学概念》("L'Estetica del Simpatico e I concetti pseudoestetici"),《美学》第十二章,第96—102页。
[②] 这段话由克罗齐引自弗·帕西尼所著《卢伊吉·皮兰德娄》,德里雅斯特出版社1927年版,第287页。

克罗齐对皮兰德娄的解读中最有争议性的话题其实就是他对哲学和反讽之关系的定义,他将皮兰德娄的戏剧和反讽小说贬为伪哲学作品其实是想说明,假如皮兰德娄是个真正的哲学家,那么他应该尽可能减少由反讽或隐喻性语言对哲学思辨所造成的破坏①。

但是在《卢伊吉·皮兰德娄》一文结尾部分,克罗齐改变了他认为皮兰德娄早期的自然主义故事"老套疲沓"的评价,对他早期的文学创作予以赞扬。他提出,真正的聪明人都不会认为皮兰德娄的作品是完美的艺术,不过相较之下,人们还是愿意接受他早期的作品。他认为皮兰德娄后期戏剧和早期小说的区别在于前者只是在后者的基础上添加了一个半悲剧半喜剧的暧昧结尾,然后将其变成戏剧。克罗齐是通过对《西西里的荣誉》(*La verita/Sicilian Honour*)② 这一剧本的分析来阐释以上观点的,这一举措可谓意味深长。该戏剧讲述的是一个遭遇了妻子背叛的男人的故事。这个丈夫容忍了耻辱,不仅仅是为了自己的社会荣誉也因为他爱着自己的妻子,觉得自己离开她就无法生存。克罗齐对这个人物的分析如下:"这是一个既令人鄙视又令人同情的人物,他要不惜代价地保护自己形式上的社会荣誉,不让别人因为他所遭遇的耻辱再一次嘲笑他,而他之所以忍受这种耻辱也因为他从情感上深深地依附于背叛了自己的妻子,如果要剥离他和她的关系,也意味着他得从生命中其他所有依附中剥离出来,结局等于死亡。"(373)克罗齐认为,这本来是个几乎完美的现实主

---

① 这也是克罗齐在论维科的《新科学》时所表达的主要观点。无论如何,克罗齐还是很尊重皮兰德娄及其艺术的,他在谈及皮兰德娄谴责自己把他当作"蠢货"这件事时曾说:"皮兰德娄谴责我说我将他描绘成了一个蠢货"(95),但是他否认这是事实,"如果我认为他是一个蠢货,那我绝对不会浪费时间去分析他的作品。"(95)《克罗齐文集》第二卷,拉泰尔扎出版社 1960 年版。

② 意大利剧名为 *La verita*,英译本有两个,一个为 *Sicilian Honour*,另一个为 *The Truth*。

义悲剧故事，但是皮兰德娄给这个故事添加的"伪哲思性的"、"伪深刻"的结局却令作品大打折扣。他写道："他（皮兰德娄）用自己深刻介入但又模棱两可的那种方式对人物的境遇作了尖锐的分析，他让戏剧人物随时随地准备着用坚定的个人意志为自己的唯一人生目标进行辩护。"（373）克罗齐认为皮兰德娄让一个戏剧人物向世人长篇累牍地辩护自己保护尊严的情节安排过于夸张、没有必要。

克罗齐对这部戏剧所做的负面评价并无什么新奇，但他在这个特殊的时刻引用这个特殊的故事却不无奇妙，这个故事其实对克罗齐的皮兰德娄解读形成了一个元批评，解释了克罗齐对皮兰德娄的解读，尤其是他对皮兰德娄幽默概念核心问题的解读。他对这个故事的引用可以说形成了一个寓言，寓言式说明了解决皮兰德娄的自然主义哲学和他的"伪哲思"所招来的那些"逻辑妖魔"之间所存在矛盾的不可能性。幽默所形成的破坏性并非像克罗齐所说的那样源于由皮兰德娄附加在故事结尾的暧昧反思，相反，幽默或反讽是皮兰德娄每一篇小说或戏剧的内在成分，幽默是自然主义叙事和其所形成的反讽式反思之间不可分割的关联，用皮兰德娄定义幽默的话来说，这两者之间的关系就如同身体和影子。正如影子不是被强行添加到身体上去一样，那个暧昧的结局也不是被强行添加到已有的自然主义故事中去的。身体和影子无法分割，就像《西西里的荣誉》中的那个男人做不到离开背叛自己的妻子后依然可以保全自己。我们无法将小说叙事和哲学反思进行分离，对自然主义叙事逻辑形成破坏的幽默之妖魔对戏剧和小说或者哲学都会形成破坏，然而如果我们对此妖魔加以驱逐，无论文学还是哲学都会随之毁灭。

如此一来，《西西里的荣誉》的男主人公的真正的悲剧性便清晰可见了：他必须得不惜一切代价来维护自己的体面，他必须得接受妻子的背叛并对其加以掩饰，否则就会将自己在情感上和社会上置于死地。联系到克罗齐对皮兰德娄的批评,这个故事其实说出了克罗齐本人或者哲学家的悲剧,他们无法解决反讽和哲学之间的问题,但又被迫不惜一切代价来为哲学的尊严进行辩护,因为这是他们的"唯一生存理由"(373)。

克罗齐对皮兰德娄的批评其实就是一个类似的辩护,他试图保护哲学以及哲学家的尊严,使其免受皮兰德娄之类的作家借用其修辞和反讽式叙事对艺术和哲学带来的威胁。他的这一举措是有必要的,因为将皮兰德娄的艺术界定为有缺陷的艺术这一做法可以让哲学思想拒绝可能对传统形式形成威胁的新形式,假如哲学思想要维持其理性、清晰的表象,必须得对传统形式加以维护。

如果我们能够"非直接"地解读克罗齐思想,那我们就可以发现,他其实是将皮兰德娄定义为寓言家或者反讽家的。这个结论并不意外,因为它恰好反映了形式带给思想的困境,形式既使思想成为可能同时又对其加以瓦解。我们在此对两种情况都做了解读,既强调了传统分类过程中所形成的偏见,也强调了新形式的开创性中带有破坏性的存在。这也是我们从克罗齐那里所吸取的教训:思想中尽管存在对新形式的障碍和偏见,但依然为新形式的形成保留了空间。

第八章

哲学的命运：维科

克罗齐在《詹巴蒂斯塔·维科的哲学思想》一书中所关心的并不是阐释维科的哲学思想问题。在此作品1921年的第二版序言中，针对那些批评克罗齐没有对维科哲学思想进行客观解释的批评家们，克罗齐提出，想了解维科哲学思想的人应该去阅读维科自己的著作，这是客观了解维科的唯一办法，而不应该寄希望于一部客观解释维科思想的作品，如果真有这样的作品，那也只能是鹦鹉学舌般的肤浅之作："说真心话，想真正了解维科的人必须得去阅读、思考其作品，这是获得客观性的唯一办法。而别人所做的所谓'客观的解释'只能是外在且概略的。"[①] 克罗齐自己对维科哲学所做的解释意在获得另外一种客观性。他为自己的维科研究方法进行辩护，提出，一个批评理解过程可以开启的前提必定是评论家和哲学家之间存在一定的认同或者相似性。如果哲学家和批评家之间没有一定的共同点，那么哲学家的思想是不可能被正确理解的："对一个哲学家所做的历史性或批评性解释所追求的是不同的、更高级别的客观性，这种解释肯定也是

---

① 贝内戴托·克罗齐：《詹巴蒂斯塔·维科的哲学思想》，拉泰尔扎出版社1962年版，第9页。此书对该作品的引用依据的是 R.G. 柯林伍德翻译的英译本，*The Philosophy of Giambattista Vico*，拉塞尔出版公司，1964年，但是有大量改动。后面但凡涉及引自这部著作的原文或英译本之处均会做注说明。

新旧两种思想之间的一个对话,最终行成对旧思想的理解。我对维科思想的解释属于同样的情况。如果我自己对和维科思想相同或相关的问题没有进行反复思考,那我还能有什么办法去理解他呢?"①(9—10)这是克罗齐自己在《哲学史专题研究》中提出的哲学研究方法。这种批评性或历史性解释方法分两个阶段完成,首先是对拟分析思想进行主观理解,然后对其进行客观表征。或者用他的话来说:"此研究(哲学史研究)必须得遵守两个规律。首先,将研究的注意力完全锁定在拟研究的哲学思想本身,将其与哲学家本人的经验性格、私人生活、政治生活以及文学创作完全分离,以使其与普遍哲学历史形成新的关联。然后需要借助另外一种能够批评拟研究思想、对其加以解释和说明的思想来超越拟研究思想。任何一种思想或活动,如果我们自己未曾对其有所体验,那我们就无法为其撰写历史,不管是哲学历史还是其他任何一种历史。"②让不同的、更高级别的客观性成为可能的关键做法就是将哲学概念与概念赖以形成的经验数据加以分离,一位哲学家对另一位哲学家的解读不是为其写一部传记或做一个总结,而是进行哲学研究,他唯一关注的就是哲学概念。纯粹的哲学思想必须得加以分离、解释、并置入思想史之中,思想只有经历这个过程之后才具备可理解性。

从评论界对克罗齐的这部维科研究专著的反应中可以看出,克罗齐的这种哲学研究方法从未得到评论家的认真对待。这部作品面世始初就受到了批评,一直到最近也未有多大改变。海登·怀特最近在评论克罗齐对维科研究所做的贡献时提出,克罗齐的那部所谓"权威"著作不过是克罗齐以自己的哲学理念为标准对维科所做的评价:"从他那权威性的《詹巴蒂斯塔·维科的哲

---

① 贝内戴托·克罗齐,《哲学史专题研究》,收录于《克罗齐文集》,G. 卡斯泰拉诺编辑,合订本,第二卷,理查迪出版社1919年版。

② 克罗齐:《詹巴蒂斯塔·维科的哲学思想》,《绪论》,第324页。

学思想》（1911）来看，他对维科的解读完全是以他自己的哲学理念为标准，根据'新科学'与他的哲学思想的接近或偏离对其进行评价。"[1] 怀特认为，克罗齐以及《新科学》的编辑福斯托·尼科利尼（Fusto Nicolini）的意图在于让人明白维科是克罗齐唯心主义哲学的先驱，但他们却否认维科为社会科学以及历史哲学奠定了基础："他们（克罗齐和尼科利尼）的目的之一就是证明维科是克罗齐'精神哲学'的先驱。为了达到此目的，他们不得不否认维科试图创立社会科学以及构建历史哲学的合法性。"[2] 由此看来，怀特承认克罗齐和尼科利尼成功地让维科哲学获得了国际地位，但却批评他们错误表征维科的哲学观点，并造成了当下维科研究领域的混乱现象，怀特提出，"界定维科对现代思想的贡献方面存在的分歧基本源于他们两人对维科哲学中'何为鲜活的、何为僵死的'所做的狭隘定义。"[3] 大多数的《新科学》读者是赞同怀特对克罗齐的维科研究所做的这一评价的[4]。考虑到克罗齐对维科所有作品，尤其是对其《新科学》所做的严厉批评，人们做出这种评价是完全在理的。克罗齐虽然将维科当作意大利以及全欧洲现代哲学的先驱，但也批评他并未能成功地为一门新科学奠定基础。克罗齐认为，与维科早期作品相比较，《新科学》已经取得了很大改进，"更为丰富、更加完善"（38），但却也更加晦涩，《新科学》的每一处内容都非常晦涩，

---

[1] 参见海登·怀特《克罗齐的维科批评中哪些是鲜活的哪些是僵死的》，收录于《詹巴蒂斯塔·维科：国际会议集》，乔尔乔·塔利亚柯左（Giorgio Tagliacozzo）及海登·怀特编辑，约翰·霍普金斯大学出版社1969年版，第383页。

[2] 出处同上，第379页。

[3] 出处同上。

[4] 明显表达类似观点的其他作品包括尼古拉·般多诺尼（Nicola Badaloni）所著《G. B. 维科简介》，菲尔特尼内里出版社1961年版；罗伯特·嘉普尼戈里所著《时间与思想：詹巴蒂斯塔·维科的历史理论》，亨利·雷格内里出版公司1953年版；理查德·曼森所著《詹巴蒂斯塔·维科的知识理论》，阿尔陈图书公司1969年版。

这也是导致此书存在诸多错误的原因。克罗齐指出，"我们在维科作品中感受到的晦涩并非只是表面上的、并非是由外部原因或偶然因素导致的，维科自己也意识到了这个问题，但是他并没有找到原因。而真实原因可以归结到他思想的晦涩、对某些衔接的不充分理解，或者是由这些问题所导致的他哲学思想的一些任意成分。这些都是真正的错误。"（38）在维科作品存在缺陷这一问题上，克罗齐的观点和其他评论家并没有多大区别[①]。比方说，怀特在我们上面提到的那篇文章中就曾指出，维科只是"企图创建一种新科学"。克罗齐的评价只是比其他人更加激进一些而已，因为正如我们之前已经讨论过的，他所关心的不仅仅是维科的哲学，也是哲学问题本身。

克罗齐批评维科未能恰当阐释其新哲学观点，未能将哲学概念与其他可能引起困惑的要素加以分离。克罗齐认为，每一位哲学家都应该将哲学和经验科学及历史加以准确区分，而由于将三个截然不同的领域混为一谈，维科的《新科学》所阐释的哲学概念可读性不高："哲学、历史以及经验科学在维科思想中不停地互相转换，彼此混淆，彼此影响，从而导致《新科学》中存在这么多的疑惑、含混、夸张以及草率的结论，给读者带来极大的阅读困难。这说明维科在思考思想和历史问题时对哲学、历史以及经验科学之间的关系是糊涂的、未加区分的。"（39）克罗齐对维科的这一批评并不意味着像有些评论家所解读的那样：他试图让维科的哲学研究方法和自己的一致。他只是想提醒读者，

---

① 除了上一条注释中提到的那些评论家之外，海登·怀特也应该被列入其中。参见《历史的热带地区：新科学的深层结构》，收录于《詹巴蒂斯塔·维科的人性科学》，乔尔乔·塔利亚柯左及唐纳德·菲利普合编，约翰·霍普金斯大学出版社1976年版；以及海登·怀特：《话语的热带地区：文化批评文集》，约翰·霍普金斯大学出版社1978年版。重量级维科评论家唐纳德·菲利普不能纳入以上评论家范围，他认为维科哲学是一个完整的体系，参见其著作《维科的想象科学》，康奈尔大学出版社1981年版。

没有充分意识到在不同思想秩序之间任意转换的哲学研究方法具有危险性。

克罗齐对维科的反对并不是冲着维科对事物本质的界定来的,维科提出,"事物的本质恰恰在于它们起源于某一特定时刻,带着一定的伪装。因此,只要事物一直保持它们本来的样子,便会时刻有新事物起源。"①(第147段)克罗齐并不反对这一原理,他认为"历史的确应该和哲学和谐并存,哲学上荒谬的事情永远不可能历史性地发生。"(40—1)他反对的是维科利用这一原则的方法,他认为,在缺乏历史文献,只能依据普遍规律来推断证据的情况下维科将这一原理当作了"形而上的证据"(41)。他写道:"因为维科对哲学和经验科学不加区分,所以任何缺乏证据因此也没有哲学可应用的地方,反倒都被他当作了真理。他用来自经验科学的推测来填补证据缺乏形成的空白,但却误以为自己使用了'形而上的证据'。或者,当面临一些不确定的事实时,他不会耐心寻找证据来解决这些疑惑,而是借助他所说的'与原则一致'来解决问题。也就是说,他使用经验图式来解决问题。"(41)克罗齐提出,哲学与经验科学之间的貌似等同使得维科可以从一种思想形式转向另一种形式,并对其进行随意置换。克罗齐认为,如果这种置换被当作一个有待验证的可行假设,那么这个过程是可接受的。但是维科却把这些置换当作了不需要进一步进行验证的真理,认为其真实性甚至超越事实本身。他写道:"对维科而言,这个假设是'沉浸在思想中的事实',所以,虽然他主张将假设和事实进行比对,以对假设进行验证。但严格来说,这种比对非常肤浅,或者,如果比对的结果是假设与事实之间并不一致,那么维科总会认为问题出在事实那

---

① 詹巴蒂斯塔·维科:《新科学原理》,福斯托·尼科利尼编辑,里卡多·里恰尔迪出版社1953年版。但凡出自此作的引用均会标明段落号。

里，认为事实只是表象，但却从来不认为是假设出了问题。维科认为假设是哲学的、是毋庸置疑的真理。所以，维科哲学中存在暴力对待事实的倾向。"（41）这种被克罗齐称为"《新科学》深层结构的缺陷"的问题似乎在维科创建的任何一种哲学或科学中并不存在。克罗齐关心的关键问题是，一旦允许推测被当作真相，那么这种哲学研究方法是值得怀疑的，哲学本身也是值得商榷的。

克罗齐认为导致这种情况的最主要原因是维科本人并不是一个富有成就的哲学家。在《詹巴蒂斯塔·维科的哲学思想》一书的附录部分，克罗齐对维科本人做了简单介绍，他笔下的维科并不是一个很会控制自己主题的作者，其写作总是匆匆写成、充满疑惑，他提出："他的作品衔接不大好，因为他的思想并不能很好地控制其所积累的各种哲学以及历史素材。他的写作不够细心，因为他的思想是狂野的，仿佛被魔鬼附身一般。所以，他的作品的各个部分之间、几页之间以及一页的各个部分之间缺乏合适的比例。在表达一个思想时，他总会想到另外一个思想，一件事实总会让他想到另一件事实。因为希望同时表达自己对这些问题的所有想法，结果便用了一个接一个的括号，让人眼花缭乱。"（257—258）① 从克罗齐在附录中勾勒的维科形象来看，维科是一个充满了幻想的思想家，在幻觉支配下将错误、虚构的东西当作正确、真实的东西。克罗齐认为维科是哲学界的堂吉诃德，误将隐喻当作概念："维科似乎是在醉酒状态下进行写作，常常混淆范畴和事实。他总以为自己对事实很清楚，不让事实本身说话，而总是把自己的想法强加给事实。幻觉常常使他以为自

---

① 据克罗齐的叙述，这篇附录中的维科介绍最初是他于1909年4月19日在那不勒斯历史协会会议上宣读的一篇文章，同年在《佛罗伦萨之声》上发表，后来又被附入《詹巴蒂斯塔·维科的哲学思想》。本文中所有对附录部分的引用都来自《詹巴蒂斯塔·维科的哲学思想》。

己在一些毫无关联的事物之间找到了关联,从而将假设当作了必然,使他不去细读作者的作品而只去了解作者本人,结果将他自己的想法不自觉地投射到那些作者的作品之中去了。"(157)克罗齐似乎将维科说成了一个能力有限的江湖骗子,这种评价当然是要遭到其他评论家的反对的。但是如果能够了解这种严厉批评背后的一些重要原因,我们可能也会同意克罗齐的批评不无道理。如果我们能够撇开那些所谓克罗齐批评维科的"真正"动机之说,更深入地分析他所做的这些批评本身,或许我们更能明白其合理性。比如,克罗齐是在讨论维科在《新科学》中提到的"诗性智慧"这一重要概念时批评维科不能充分把控材料、任由自己被自己的语言所蒙蔽。他写道:"历史上的蛮荒时期被比喻性地称为诗性智慧,但维科很快就将理想诗歌的所有特点都转移到所谓'诗性智慧'这一概念之上,在自己的头脑中将蛮荒时期变成了诗歌的理想时代。"(57)克罗齐认为,维科将对一个历史时代的比喻性描述置换为对这个历史时代本质特征的定义。蛮荒时代被描述为一个具有"诗性智慧"的时代只是一个比喻性说法,一个修辞,并非真正意味着这个时代就可以被界定为是智慧的或者诗性的。我们不能说某一个历史时代是完全诗性的,诗性可能是这个时代的主导特征但绝非唯一特征:"的确,世界的最初阶段是由血肉之躯的人而非哲学范畴所构成,但是这个历史阶段不可能只是围绕着某一种思想活动运转的。此种活动普遍存在的同时其他各种活动,比如想象和思考、认知和抽象提炼、意志表达和道德说教、唱歌和算术等等也都在进行。"(56)同样地,维科虽然很清楚这个历史阶段除了诗人之外还存在承担其他思想功能的各种社会群体,但他依然将这个时代称为"诗歌时代",并且将所有这些活动概括为"诗性智慧"。克罗齐认为,问题出在维科不能区分"诗性的"一词的比喻用法和实际用法,误将彼此混淆,完全忽略了混淆使用所带来的可怕后果。

克罗齐进一步提出，当隐喻被不加审视地使用之后，它们会衍生出更多的隐喻，最终会将概念取而代之："正如《新科学》的情况所示，隐喻具有危险性，它们很快就会找到肥沃的土壤让自己转化为概念。"（56—7）隐喻是有用的，它们可以为某一种概念提供名称，但这个替换过程同时也具有可怕的后果，因为这些隐喻会扩散开来，代替概念，最终让人难以对二者进行区分。比喻语言潜在的欺骗性特征给哲学带来了一个真正的威胁，要求哲学家时刻对其加以警惕、对任何哲学观点的有效性时刻存疑。如果从这个角度进行思考，克罗齐对维科哲学的负面评价就相对容易理解了。维科在其哲学话语中没有对比喻性语言保持应有的警惕。相反地，他总是被比喻性语言所动摇、所蒙蔽，从而对摆在眼前的证据不加区别地加以信任。

问题不止如此。比喻性语言带给哲学的威胁并不能彻底说明克罗齐为何将维科定义为一个空想家，一个富有创新但却缺乏哲学家必备的思想能力的人。克罗齐对维科还有别的评价，他写道："这也是所有极具创新和发现能力的知识分子中常见的一个缺陷，这一缺陷使得他们难以对自己的发现从细节上进行完美处理，但原创性较弱的那些思想家却能够做到更加精确、更有逻辑性。深邃和聪明往往难以均衡发展，维科虽然不是特别聪明，但他却总是非常深刻。"（41—42）克罗齐想要表达的是，维科的思想更加接近一个诗人而不是哲学家。比如说，在分析其历史研究方法时，克罗齐提出，创造了神话和小说的是维科而不是历史。换句话说，维科的头脑很容易被激情所感染，缺乏足够的控制能力，难以将每一个例证进行严格分析。

克罗齐并不是要简单地将维科定义为一个诗人而非哲学家，他想表达的是，维科不具备区分比喻和概念的能力，不能对哲学和非哲学加以区分。而一个创造性较弱但却更为严谨的知识分子却可以将二者区分开来，能够更好地支配自己的研究材料。换句话说，克罗齐在批评维科的同时也在设定一个能够成功解决维科所犯错误的条件，他的这种历史批评方法能够将维科《新科学》中的哲学黄金从混淆其中的杂质中成功提取出来，他写道："以上所分析的维科思想的优点和缺点，他那令人亲切的混乱或者说他那混乱的亲切感要求我们必须对其加以分析，将纯粹哲学思想与杂糅其中的经验主义和历史成分按照融合的因果关系分离开来。杂质以一种全自然的状态混存于黄金之中，我们不能忽视其存在，不能让其阻碍我们辨认、提纯黄金。或者，换用非比喻性语言来说，历史肯定是历史，但历史必须要有智性。"（43）所以，有必要重申一次，克罗齐的历史研究方法和哲学研究方法能够将哲学真理之真金与错误或神话组成的杂质分离开来。

克罗齐貌似任意的维科批评其实是有自己明确的方法的，此方法一方面和他的哲学研究方法相一致，他曾用同样的方法研究黑格尔哲学。另一方面而言，他也想借机验证此方法的有效性。事实上，两个方面是相同的，他对作为哲学家的维科和其经验生活分离的研究出发点已经确立了第二个阶段用此方法来抵抗某种特定思想的有效性。一旦维科被界定为一个诗人—哲学家、一个类似他自己在《新科学》中谈及的第一民族原始哲学家的神话制造者，那么克罗齐所应用的有机历史模式有可能会使他的哲学研究方法以及哲学思想均获成功。在一个历史和当下、神话和哲学、错误和真实、原始和现代的二元对立结构中，克罗齐确立了他自己的哲学思想和维科的哲学思想之间的联系和距离。克罗齐在《詹巴蒂斯塔·维科的哲学思想》的绪论部分呼应歌德，谈及维科对现代哲学以及他自己的哲学思想所带来的贡献时所说的一番话可以让我们看到彼此之间的这种联系："一个民族是何其幸运才拥有这么一位被歌德称为'老祖宗'的人，任何想要了解意大利当代哲学的人在放眼世界的同时必须得追溯到他。"（8）维科被他描述为早期"原始"哲学的代表，古代智慧的守护人，他认为我们虽然对维科满怀敬意但也有所遗忘。

除此之外，克罗齐对诗性智慧所做的讨论也让我们看到了古代哲学和现代哲学之间、神话和哲学之间以及错误和真理之间的关系。克罗齐的历史批评研究方法正是在对这一话题的讨论中得到了充分的应用，同时，他提出的控制比喻性语言的负面效果的主张也在这里得到了很好的验证，他在这段讨论中重申了自己对作为哲学家的维科的批判。克罗齐发现，诗性智慧概念中的核心矛盾类似于第一民族的原始思想的混乱状态。这些第一民族的人民想象力非常丰富，容易被强烈情感所支配，不能进行逻辑推理。他们所谓的思想其实就是他们的情感以及他们意欲表达的混乱观点。这种主观"思考"方式形成了他们的"想象通则"，其中一半为意象一半为概念，同时也导致了隐喻的扩散，从而使原初的混乱一再被延续。

为了解决这一困境，克罗齐提出，诗性智慧和想象通则是只属于神话的特点，是第一民族的首要思维模式，而不是诗歌的特点，也就是说，所谓诗性智慧其实涉及的是神话思想而不是哲学思想："思想贫瘠、无力解决试图解决的问题、无法用理性通则进行思考、无法用恰当的词语来表达自我，从而导致想象通则、借代、提喻以及隐喻等表达方式的出现，这一切都应该是神话的起源，而不是诗歌的起源。想象通则中存在的矛盾跟神话原则中的矛盾完全一致，都是那种意欲成为意象的概念，同时也是意欲成为概念的意象，所以是一种贫瘠、一种强势的无能、一种对比、也是一种思想过度，在这里黑色尚未形成，而白色正在消失。"（66）思想贫瘠是导致想象通则不能完全概念化的原因，也是智商较弱的原始民族不能用恰当的概念性词语表达自我的结果。而现代人的头脑已经摆脱了感官束缚，能够用恰当的、逻辑性的词语来进行自我表达，人类思想的进化使得从神话错误转向哲学真理成为可能，思想具有与上帝合二为一的自然欲望，或者说，思想希望能够像上帝一般知晓一切，但由于无法抵制强烈的情感，思想最初形成的只是一些虚构的或神秘的意象。而后来，随着思想逐渐学会支配情感，它将自己从神话中解放了出来，成功地实现了哲学真理，真正达到了与上帝合二为一。克罗齐写道："人的头脑自然希望与创造了自己的上帝合为一体，也就是与真理合为一体，但却常常被掩埋在强烈情感之下，不具备提炼出主体的属性和普遍形式的能力。由于原始人具有旺盛的情感本性，所以存在富有想象力的个体、幻想属或者神话，而在后来的发展进步过程中，幻想属逐渐演变为理解属，诗性通则演变为理性通则，摆脱了神话思维。于是，神话错误发展为哲学真理。"（68）这段话不仅重申了神话和诗歌之间的区别，同时也将维科的哲学思想和克罗齐的哲学思想作了区分。它宣告了哲学以及真理如何从神话错误的灰烬中如同涅槃的凤凰一般诞生，在此过程中，哲学之金也与隐喻之杂质被加以分离，哲学理性步入历史之中。

克罗齐进一步指出，维科认为错误的根源并不在语言，而在意愿当中。或者说，人类智慧的有限性使其无法以恰当的、逻辑的方式来表征真理。为了进一步证实维科的这一观点，他选取了维科著作中讨论此问题的几段话进行了分析，全引如下："维科自己形成了一个解释错误的概念，根据这一概念，错误起源于个人的意愿而不是思想，思想从来不会有错，'因为我们活在上帝的目光之下，所以思想总是受真理管制'；但是空洞的词语任意堆砌在一起形成了错误，'撒谎者的意愿常常会使词语难以获得真理的力量，让词语抛弃思想，但却假借思想的力量遮蔽了上帝'；用他（维科）自己的话来说，错误形成的原因是'当他们用嘴巴说话时，头脑中并无相应的东西，因为他们的头脑是错误的，是空洞的'。"（68）这段话基本上是克罗齐用自己的评论连接起来的维科的语言。克罗齐首先提出，维科认为错误起源于说话者的意愿而不是思想，并且引用维科自己的话来证实这一点。

他然后补充道，任意组合在一起的无意义词语形成了错误，同时引用维科，指出维科认为某些故意撒谎、故意操纵词语来欺骗别人的人的意愿导致了错误的形成。但是维科这段话的含义其实并非是克罗齐所理解的那样，这段拉丁文原文的第二句话，即"immo menti vim faciunt et Deo obsistunt（词语会抛弃思想，但却假借思想的力量遮蔽了上帝）"其实表明还有一种不依赖于个人意志的错误。头脑赖以认识真理的语言实际在很大程度上是独立于个人意愿的，从而使得头脑不可能获得真理。也就是说，头脑没有办法得知出场的究竟是上帝还是上帝的意象；也没法得知头脑是否获得了真理还是只是在言说一些空洞的词语。换句话说，这表明头脑身陷困境，难以区分某一个表述究竟是不是一个隐喻，难以区分隐喻和概念。当自以为拥有真理的头脑仅仅言说了一些空洞的词语的时候，头脑便出错了。富有反讽意义的是，上面引自维科的最后一句话恰如其分地展示了自以为了解真理的头脑其实只是言说着空洞的词语在这一现象。

克罗齐为证明自己的观点所引用的以上这段维科的表述只能部分地证明他自己的观点，同时也相左于他的观点、有效证实了他自己竭力试图否定的一些观点。维科的这些话表明有些错误概念并非出于个人意愿，而是思想所难以察觉、难以纠正的。很多时候，思想受语言的欺骗，将实际错误的东西当成了真实。所以这段话恰好证明克罗齐自己犯了这个错误。他自己没有意识到他用来证明自己思想正确性的引用却同时具有相反的功能，他无法意识到维科这段话可能传达的所有含义。他自己对这段话的解释表明，即使是强大、敏锐的现代人的智慧也没法完全支配自己的语言，无论是对他自己还是对维科而言，清楚区分语言和现实、隐喻和概念都非易事，思想时常会犯错误。虽然克罗齐声称自己可以区分真理和错误，而读者从他的文本中发现事实并非如此。克罗齐富有洞见的那个时刻恰好也是他最为盲目的时刻。

如果我们要为克罗齐进行辩护，我们可以提出，我们不应该期望克罗齐能够注意到维科文本含义的方方面面，如果他忽视了某个词语，那也只是说明他不够细心。这样的解释是可能的，但并非是正确的。克罗齐对这段话的引用毫无疑问是仔细考虑过的，他在《詹巴蒂斯塔·维科的哲学思想》一书的绪论部分指出，他在书中频繁引用了维科的表述但并未使用引号，因为加引号会对他自己以及读者均形成干扰，"频繁使用引号只会让人厌倦，只能表明我在做矫饰。"（7）"矫饰"是个隐喻性说法，意思是说，如果克罗齐不是将维科的观点融入自己的文本之中，而是直接引用，则会有损于普遍哲学史的完美设计。所以，克罗齐只有在绝对需要强调维科的精确措辞的时候才会直接引用，而上面提到的这段话就是一处绝对需要的引用，克罗齐认为在那个地方直接誊写维科的原本措辞至关重要。可见克罗齐不可谓不细心，但是这段话所能表达的某些意义却超出了他的控制范围。克罗齐所谓的从神话错误中蜕变而出的哲学真理事实上只是被追求真理的欲望所欺骗的头脑所发出的狂妄之词。我们对他那所谓"神话错误发展为哲学真理"（68）的观点只能进行反讽式解读，换句话说，这句本意表达哲学真理克服了错误的话恰好证实错误在哲学中的持续在场，这句话更合适的表达方式应该是"神话错误现在转化为哲学错误"。

考虑到以上对克罗齐观点所做的批评会被人解释为任意揣测，在此对《新科学》做一回顾来进一步补充说明。其实维科并不像克罗齐所批评的那样丝毫没有意识到隐喻性语言对哲学思想的破坏性，他把《新科学》中讨论隐喻的章节命名为《关于修辞、妖怪以及诗歌蜕变的推断》，命名表明他在提醒大家注意比喻性语言对哲学的负面影响。我们可以发现，同克罗齐一样，维科试图借用历史图式来消除比喻性语言的毁灭性。他提出，当人类思想获得充分的智性之后，第一民族用来指代概念的四种譬喻（隐喻、借代、提喻以及反讽）被赋予了这些正当的称谓："这些理由足以说明，被认为是作家的精妙发明的各种譬喻（基本可以被归类为四种，包括隐喻、借代、提喻以及反讽）其实也是诗性的第一民族表达自己的必然方式，这些譬喻充满了他们的民族特色。但是随着人类思想的进一步发展，第一民族的这些表达后来变成了修辞，人们发明了词语来指代抽象的形式，或者用属来替代类，或者用部分来替代全部。这样就推翻了语法学家常犯的两个错误，第一、散文表达是正当表达而诗歌表达是不正当表达；第二、散文表达的出现晚于诗歌表达。"（第409段）换句话说，和克罗齐一样，维科试图依据过去和当下的二分法对隐喻和概念加以区分。第一民族所使用的具有怪异的破坏性功能的隐喻属于思想被情感禁锢的过去，而当思想得到全面发展、克服了这些早期障碍之后，人们发明了称谓概念的专有名词。也就是说，曾经承担了认知功能的隐喻现在不再被认为具有这个功能，而是被归入纯粹的修饰功能类别。

和克罗齐一样，维科也借用历史图式来尽可能削弱隐喻的负面影响，而历史图式一方面允许认知模式的内在矛盾不可避免的存在（比如维科所说的古代人的诗性智慧，比如克罗齐所说的维科的神话哲学），另一方面又声称矛盾可以被克服。结果是，维科认为自己创立了比古代神话更加完善的"新科学"，而克罗齐认为自己确立了比维科的哲学更加完善的哲学体系。然而，这两种认知模式都没有使我们的理解更加清晰，这些图式只是当代人为了将自己和历史错误划清界限而做出的虚构。这个过程其实是个重复，是那些自以为科学或者某一个哲学体系具有可行性的人必定会陷入的重复[1]。

---

[1] 笔者在《维科〈新科学〉中的认识论修辞》一文中对此问题进行了全面分析，文章发表于《哲学与修辞》第19卷，1986年第3期，第178—193页。

换句话说，维科出于同样的目的，运用了克罗齐用以研究维科的同样的区别和分离的方法。两个人的方法可以说是完全相同的，正如克罗齐在《詹巴蒂斯塔·维科哲学研究》第二版序言中已经谈及的那样，如果两个人之间不存在共性，那么他自己是不可能理解维科的。这段话在此章开篇已经有所引用，为了方便读者理解，重复引用如下："如果我自己对和维科思想相同或相关的问题没有进行反复思考，那我还能有什么办法去理解他呢？"（10）正如我们以上所展示的，克罗齐的问题与维科的问题紧密相关，他将维科的文本融入自己的文本不仅可以让我们更好地理解维科，同时也使他自己的观点有别于维科。但是，这个既认同又分离的过程其实只是一种修辞性表态而已。在修辞的层面，如同哲学真理替代了神话错误、现在替代了过去，克罗齐最终在哲学史上替代了维科。

我们很难用一个统一的标准来评价克罗齐所做的维科研究。一方面来说，他通过对《新科学》的解读指出了维科哲学体系中存在的问题，而另一方面，他对这一问题历史化，将其界定为属于过去的错误。而事实上，他这么做的时候已经在重复与维科一样的错误，使错误得以延续。他为了证明自己的观点所引用的维科的表述反倒瓦解了他自己的观点。这一事实充分证明，他所指出的《新科学》核心结构所存在的错误不可能被轻易消除，包括他自己在内的所有试图解决这一问题的努力最终只能是停留于修辞层面。克罗齐自己的努力最终证明，即使是一个拥有如他自己一般严谨、精确的理解力的人，也难以清楚区分真理和错误、哲学和非哲学。这就是克罗齐的显著洞见，他在讨论神话错误这一概念的结尾部分其实已经有所暗示，充满讽刺的是，他讨论神话错误这一个概念的那段话却暗指神话错误中可能存在真理，"他（维科）知道，错误从来不会是绝对的错误，因为压根就不存在错误思想这样的东西，错误仅仅在于思想的不正确结合，每一个无稽之谈中都包含一些'真理要素'。"（69）克罗齐所提出的现代哲学真理发迹于历史神话错误这一"无稽之谈"中所蕴含的真相在于：真理其实也是错误，现代哲学是现代知识分子所创造的新神话而已。

克罗齐对维科哲学的研究是基于他自己的哲学研究方法的，所以我们从《詹巴蒂斯塔·维科哲学研究》一书中也能够看出一些克罗齐自己的哲学观。众所周知，他的《精神哲学》就是建立于试图区分隐喻和概念、美学和逻辑以及经验和哲学的二分原则之上。我们在此对克罗齐的维科研究所做的分析让我们开始对于这一原则能否有效解决他所指出的问题产生怀疑。不过，此处并不打算进一步讨论克罗齐的哲学体系及其认识论修辞。

第九章

哲学与反讽

维科曾经撰写过一篇题名《闲聊创新、诙谐及嘲笑》（"De humano ingenio, acute arguteque dictis, et de risu e re nata Digressio"）的文章，克罗齐曾在他的一篇不大为人所知的文章《詹巴蒂斯塔·维科：嘲笑与反讽理论》中指出，维科这篇关于嘲笑以及反讽的论述"不怎么出名"[①]。其实，维科最初撰写这篇文章是为了回应一位批评家对《新科学》第一版所做的批评，该批评家认为《新科学》是一部有创新但不真实的作品（283）。克罗齐在《詹巴蒂斯塔·维科：嘲笑与反讽理论》一文中介绍维科对滑稽性的观点时仅仅选译了他认为重要的几个段落，并做了简短评论。克罗齐其实对这篇文章并无多大的哲学兴趣，他的目的只是想让读者注意到维科在哲学研究之外的一些好奇心，借此让另一种有关嘲笑以及喜剧的讨论加入漫长的"科学怪癖史"（285—286）。

克罗齐将维科对"笑"的定义放置于霍布斯和康德的观点之间进行对照。维科认为嘲笑是人们"虚假预想"（284）的结果，克罗齐由此将维科的观点放置在霍布斯的对立面，因为霍布

[①] 维科这篇讨论滑稽的文章收录于《小品文集》（*Opere*），费拉里斯主编，第四卷，1953年，第185—188页。而克罗齐的这篇文章发表于《论黑格尔》（*Saggion sullo Hegel*），拉泰尔扎出版社1913年版，第283—289页。

斯将嘲笑定义为一种自我感觉优越于别人而产生的情感反应。而另一方面，维科的定义预示着康德后来对嘲笑所做的心理定义：嘲笑会导致"张力的释放"（282）。克罗齐进一步将维科对"嘲笑"的定义与伊曼纽·泰索罗（Emanuele Tesauro）的反讽定义进行比较，后者认为反讽是"欺骗的隐喻性表达"（285），"假装谈论的是某一件事情，但其实所指的是另外一件事情，像魔法师欺骗眼睛一般欺骗大脑，"[①]（285）并由此认为，维科关于嘲笑的论述具有反讽特征。

克罗齐对维科这篇文章基本就作了以上这点儿讨论，因为在克罗齐美学定义中，喜剧或滑稽是一个伪概念，不可能获得科学身份。根据这一美学标准，维科对喜剧或滑稽的讨论没有任何哲学价值。他随后向读者推荐了他自己讨论滑稽剧的作品[②]，而对维科的理论并没有做进一步的评论。

不管克罗齐做出何种评价，维科其实从未打算建构一种关于嘲笑或者反讽的理论。他撰写此文的主要目的是为《新科学》中提出的认识论的正确性进行辩护，关于嘲笑或者反讽的讨论会在辩护过程中间接浮现出来，但其目的并不是阐述关于嘲笑或者反讽的理论，而是为了说明，《新科学》既不是反讽性的也不是喜剧性的，而是理性的哲学，是对真理的求索。为了批驳那位认为《新科学》是一部有创新但不真实的作品的批评家，维科提出，"创新"是发明之父，从来不是真理的对立面，所以，"创新的表达"永远是和真理一致的。

维科认为，"创新"以及"新颖的表达"不存在任何问题，

[①] 转引自克罗齐，克罗齐引自由伊曼纽·泰索罗（Emanuele Tesauro）所著《亚里士多德的望远镜》（*Il Cannocchiale aristotelico*）（1654）第三章最后一段，卡尔利出版社1862年版。

[②] 克罗齐向读者推荐的是他的《美学》第107—109页，以及《美学问题研究》（*Problemi di Estetica*）第275—286页。

而"幻想"及其所对应的"诙谐的表达"会导致表达与真理对立,从而扰乱思想对真理的求索。维科对二者作了如下区分:"诙谐的表达是没有深度的低级想象力的产物,要么只是将事物的名称简单罗列,要么是将其表象加以组合,要么是将一些荒谬不当的事物呈献给思想,令其困惑,因为思想本身期待的是适宜恰当的事。因此,期待着恰当合适的事物的大脑纤维会受到不期之物的困扰,变得沮丧、甚至开始战栗,通过神经系统做出振动性动作,令人全身抖动,进入非常态。"(282—283)为了对《新科学》加以辩护,维科试图根据"创新"和"幻想"在获知真理方面的差异来厘清二者之间的区别。源于"创新"的"新颖的表达"是典型的科学语言,符合真理,也符合那些恰当适宜的事物。而建立在任意"幻想"基础之上的"诙谐的表达"不符合真理,会蒙蔽追求真理的头脑,所以,应该为错误和虚假负责的是作为低级幻想产物的"诙谐的表达",而不是"创新"或"新颖的表达"。维科的意思是说,《新科学》是一部在创新激发下完成的科学著作,其特点是使用了"有创新的表达"。因此,那位批评家的判断是错误的。维科以此为自己的新科学进行辩护。

在针对某些人谴责《新科学》的"非真实性、任意性"做出辩护之后,维科接下来对诙谐的表达以及应用此类表达的作品类型作了讨论。他首先根据笑在智力阶层表上所占据的位置对其加以分类,将那些不苟言笑、在某一时刻只专心于某一件事情的严肃的科学家放置在阶层表的最顶端。基于同样的原因,他将动物放置在阶层表的另外一端,因为动物也从来不发笑,在某一时刻只专注于某一件事情:"严肃的人不会发笑,因为他们认真专注于某一件事情,不让自己受到其他任何事情的干扰。动物也不会发笑,因为它们也是专注于某一件事情,虽然会受到其他事情的干扰,但很快就会将注意力转向原来的关注点。"(286)科学家和动物之间的关键区别在于前者思想专一,而后者的注意力容易分散。

维科认为,动物不会发笑的另外一个重要原因是它们缺乏理性,"显然,动物天生不具备理性,因此它们天生不会笑。"(286)当然并不能由此推断不发笑的严肃人不具备理性,虽然发笑的能力属于人,但这并不意味着会发笑的就是人、具备理性的人。维科进一步指出,如果因为具备笑的能力而产生优越感则很荒谬。真实情况可能恰好相反,发笑的起因是人的有限性使其易受虚假表象的蒙蔽,导致"我们被美的表象欺骗"(286),那些爱笑的人可以说是介于人和动物之间。

维科将发笑的人区分为两类,即喜笑者(risori)和喜嘲笑者(deriosori),前者指那些自己无节制发笑的人、而后者指嘲笑别人的人。喜笑者具备某些动物特质,和动物一样只关注事情表象,且容易受表象干扰。而喜嘲笑者更加接近动物,因为他们扭曲了真理的本质,使真理的表象变了形,他写道:"喜发笑者与严肃的人截然不同,而与动物更加接近,他们强迫自己的思想和真知、扭曲事物的本质、从而也改变了真理的表象。"(286)维科认为这也是诗人将喜笑者塑造为半人半兽的萨梯的原因,相比之下,他对喜嘲笑者的态度更加严厉,认为这一类人将永远难以接近真理,他们对别人的伤害最终会伤害到自己。

克罗齐认为反讽和嬉闹仅仅是怪癖,而维科却认为它们是对严肃的科学家以及科学本身的严重威胁,即便发笑对发笑者自己不会造成任何损失,却会影响"创新"对真理的追求:"发笑源于虚假,越是貌似真理的虚假之处,这种情感愈加强烈,从而影响人类思想对真理的追求。"(287)发笑是因为思想希望表象不是表象而是事物本身,从而取笑科学语言以及有创新的新颖表达,而新颖的表达的前提是设定无论是事实还是表象都需要进一步核查:"如果一个貌似指代他物的表达在经过分析后发现指代的是本物,也就是说,如果一个表达将真实的事物隐匿在一个有蒙蔽性的意象之后,这样的表达就是有创新的表达。"(287)而那些惹人发笑的诙谐的表达则言非所是,令人曲解事物,"如果一个貌似指代本物的表达经过分析后发现表达的是他物,也就是说,如果一个表达使虚假披上了真理的外衣,这样的表达就是所谓诙谐的表达,这样的表达被突然展示给读者之后就会引人发笑。"(287)虽然诙谐的表达和新颖的表达是基于"幻想"和"开创性"这样两种不同的思想能力的不同的表达,但二者并非彼此毫无关联,在有些情况下,诙谐的表达是新颖的表达的对应面,也就是说,诙谐的表达对新颖的表达形成了反讽式去魅,在这种情况下,诙谐的表达会让读者看到,那些新颖的表达所陈述的东西其实也只是幻象,貌似的真理其实也只是错误的信仰。

不过,维科似乎相信,作为笑的对象的人类本质缺陷是可以得到补救的。或者说,这种缺陷至少是哲学家可以克服的。维科认为哲学具有如下任务:通过哲学寓言,或者他所说的"得体的哲学寓言"(287)来增强哲学家对哲学的奉献以及坚定他们的目标,这些寓言由那些精通道德哲学者书写而成,意在为智者提供其时刻追寻的特殊快感,一种"统一、便利、恰当的快感"(288),维科认为这种快感跟观众看见足球射门成功时的感受相同,用维科的话来说,这种快感就如同人们发现原本以为是表象或错误信仰的东西其实是与事实一致的真相时的感受相同,这也是新颖的表达试图带给读者的感受。这些"得体的哲学寓言"旨在为严肃的智者提供类似科学或哲学著作所能提供的那一类快感,它们是思想的一种发明,以真正了解思想的方式对思想加以描述。

维科认为他的《新科学》就是一个具备以上特征的"哲学寓言",此书意欲提供的快感恰恰在于让读者成为自己科学的创造者,从而产生获得上帝特有的那种知识时的特殊快感,一种

"神圣"的快感:"哦,读者们!此书中的各类证据因此可以说是神圣的,将为你们带来一种神圣的快感,因为其中存在上帝那里才有的知行合一。"(349)维科的哲学寓言所提供的神圣快感就是让人相信寓言表达的表象和真理是相同合一的,貌似表象的东西其实就是真理。

维科的以上论断是基于他对新颖的表达和诙谐的表达的区分之上,所以他所说的哲学寓言与"滑稽的喜剧"是完全对立的,后者沉溺于提供"暴力、狂野的快感"(288)。他认为诙谐、嘲笑以及反讽都属于低级喜剧,只对那些半人半兽者有吸引力。但事实上,喜剧寓言的目标并非迥异于道德寓言,喜剧的快感在于挫败读者对有创新的表达的预期,或者按维科之前提到的足球运动比喻来说,其快感在于扰乱足球的轨迹,让那些寻求统一、便利、恰当的快感的人受挫。

我们在此必须得指出,对于维科在此文章中提出的哲学寓言比喜剧寓言高级的这个观点,克罗齐是反对的。他认为维科的判读过于草率,他提出,对喜剧寓言的美学价值判断只有在仔细分析其文学特征之后才可以进行。克罗齐反对维科在此文章中阐释的反讽观点的另外一个原因是,此文中的观点和《新科学》所阐释的反讽概念明显不一致,后者认为反讽就在于谎言貌似具备真理的所有特点,因此反讽是反思年代的产物。克罗齐写道:"他(维科)说,反讽必定是在反思年代才出现的,因为反讽是由以反思形式出现的、戴着真理面具的谎言所构成的。"(289)鉴于维科表达这一观点时的讨论对象是第一民族的诗性人群,克罗齐认为维科的判断是错误的,因为那些人并不会说谎,而只是将神话和寓言误以为对真实事件的叙述。鉴于费德里克·帕西柯(Federico Persico)对反讽所做的定义与维科在《新科学》中的定义非常类似,克罗齐在其讨论中进一步引用帕西柯,借助帕西柯的权威表达了他自己对维科此文章所表达的反讽观点的反对。

他认为造成两处观点和定义不一致的原因有两点，首先在于维科自己对于反讽和喜剧从根本上持反对态度，其次在于维科自己本身不苟言笑："我在别处也曾说过，维科一生从不发笑。"（286）①维科应该是同意克罗齐的这一观点的。当然，对于克罗齐而言，如果维科同意这个观点，恰好说明维科本人永远没法理解滑稽搞笑。

这其实是个很严肃的问题。维科如此定义反讽的目的不只是通过强调喜剧的粗暴特征来弱化喜剧的重要性，更重要的是为了说明诙谐的起因是人的有限性本质，此有限性导致思想会轻易被表象欺骗。然而，他所忽略了的是，戏谑容易受骗的思想，以及通过嘲笑来揭穿骗局的恰恰就是反讽。那些在不知情的情况下被表象欺骗的人，以及那些为了追求统一、便利、恰当的快感而将道德寓言加以字面化解读的人，其实和那些将寓言当作真实记录的天真的原始民族是一样的。所以，不无反讽的是，如果从这个层面来理解"原始"，那些专注于某件事情、不苟言笑的人和没有理性的动物是非常相似的。在此情况下，理性就是内在于笑声中的意识，"理性地"嘲笑着任何试图获得理性的徒劳努力。

其实，维科在为《新科学》进行辩护时并没有像克罗齐所评价的那样改变对反讽的定义。根据《新科学》，原始文化向高级文化的发展是通过用新发现的物体名称来替代原始民族使用的譬喻这种原始表达形式来完成的，现代的科学寓言也通过同样的方法取代了过去的神话寓言："所有这一切表明，所有被我们当作现代作家的创造性发现的那些譬喻其实是诗性的原始民族必备的解释方式……但是，随着思想的发展……，这些原始民族早期的表达方式逐渐发展为隐喻。"（第409段）天真的原始人和复

---

① 克罗齐这里所说的"别处"是指《詹巴蒂斯塔·维科哲学研究》一书的"附录"。

杂的当代人之间存在的只是量的区别。原始人误将神话和寓言当作对真实事件的实际记录，现代人以为曾经的那种寓言现在被真实的、科学的寓言所替代。在这两种情况下，寓言都被当成了可求证的对真实事件的记录。在这两种情况下，对人类求知欲望形成了阻碍的都是以为表象和真理能够合二为一的幻觉，而这本身这就是反讽！唯一的区别在于，只有在一个反思年代，人类才会意识到反讽的存在，这也是维科的观点。只有当一个人开始反思，而不是一门心思寻求知识快感时，才有可能知道自己曾经以为真实的东西其实只是一个寓言。不过，这点充满反讽意义的知识很快就会被人遗忘或压制，从而为迈向人类的诗性时代开辟一条道路，或者如维科所说，为通向一个新神话或者新科学时代开辟一条道路。

我们在此有必要对维科《闲聊创新、诙谐及嘲笑》一文中克罗齐并未涉及的部分加以了解，此部分内容的确并未直接讨论喜剧问题，但是既然整篇文章的主题并不是简单地解释喜剧这一文体，那么了解维科是在什么语境下进入对喜剧的讨论则显得非常重要。在未被克罗齐翻译的那些段落的第一部分里，维科针对那位批评家的批评，讨论了"创新"是否与真理相悖这一棘手问题。维科提出，"创新"和真理的关联是不言而喻的，他所运用的第一个论据是借用实验来证明假设的真实性的弗朗西斯·培根的哲学和他所使用的实验方法："如果研究哲学的哲学家们能够恪守培根在《新工具》一书中所制定的规则，利用实验的方法来证明他们推测为真的东西的真实性该有多好啊！"（第926段）维科赞美英国哲学家们所使用的实验方法的目的在于强调，实验方法的优点在于其开创性，而哲学著作中的新颖表达的优点与开创性的实验方法类似，使用这种方法会使哲学家与上帝更加接近："应该补充指出，在物理研究中应用实验哲学的人在一定程度上和上帝相似，达到了知和行的等同合一。"（第927段）

维科认为这就是一个严肃的智者所获得的快感，作为科学的创始人，他对自己的世界十分了解，当发现他原以为虚假的东西其实是事实时，欣喜不已。

维科所举的第二个论据是几何和合成法。几何学者利用尺子和圆规所建构的"理想"真理，以及另外许多貌似不相干的定理都被他拿来作例证："真理不仅指用尺子和圆规建构的各种理想，同时也指各种定理。"（第927段）神圣性在此又一次被他提及，几何学家在某种程度上是一个神，正如上帝在某种程度上是一个几何学家一样："因此，几何学家在自己的数字世界里是一个神，同样地，在我们这个灵与肉的世界里，上帝在某种程度上是一个几何学家。"（第927段）三角学借助其分析法确立真理，而数学家比几何学家具备更强的"推断"能力："他们借助纯粹理性演绎法，如果计算正确，他们能够快速证明真理。"（第928段）

维科认为此情况同样适用于物理学、药学、以及政治艺术和演讲艺术，其完成质量取决于所使用的证明方法是否有"开创性"（第928段）；同时也适用于确立了"任何与真理分离的思想敏锐性难以持续"这一规则的语文学（第928段）[1]。对于这几个领域，维科并没有提供具体例证来说明自己的观点[2]。"开创性"或创新性与真理毫不相悖这一命题在他看来是不言而喻的，而相反的说法则是"完全荒谬的"（第926段）。他认为，只有那些无知大众以及未开化者才会认为"开创性"与真理毫不相悖这一命题是荒谬的。比方说，如果只是粗略一瞥，几何学中不少科学赖以确立真理的命题似乎是杂乱无序、互不关联的，

---

[1] 维科同时也提到了神学，但目的是为了最终将其从其他科学中分离出去，因为神学真理就是被加以昭示的上帝之言词。

[2] 对于这几个领域的讨论大部可以在维科的《论意大利最古老的智慧——从拉丁语源发掘而来》一书中找到。

那些不严肃、不在行的科学从业者可能没法掌握将这些命题联系到一起的那种关系，而这种"隐秘的关联"不是几何学中特有的，而是存在于所有科学当中，正是这种关联的存在才使得我们谈论科学真理成为可能。这种关联是由创造性思想所确立，揭示了表象不一致的东西之间隐在的内在关联。换句话说，正是这种关联将"开创性"和真理联结到一起，而那些创造力匮乏的平庸之辈没法理解这种关联，"我们从语文学得知，离开真理，思想的尖锐性难以为继。思想赋予事物生命、并且借助其与隐性真理的共同关系将事物联系到一起，而在平庸大众看来，这些事物彼此割裂，毫无关系。关联的形成需要进行一系列的理性推断，然后我们会发现这些事物互相接近，彼此之间存在微妙关联（第928段）。显然，科学家和未开化者之间的区别也就是维科所指出的严肃的人和"喜嘲笑者"之间的区别，或者说是有创新的表达和诙谐的表达之间的区别。有创新的表达作为"创造力"的产物能产生愉悦感恰恰是因为这种表达在粗看上去毫无关联的事物之间建立了关联。借助恰当的词和恰当的表达，有创新的表达可以在瞬间对我们形成启蒙，向我们揭示之前从未理解到、从未认识到的内在关联："这也是为什么亚里士多德提出，有创新的表达令我们愉悦的原因在于，与听到那些陈词滥调相比较，从本质上渴望真理的人类思想在听到有创新的表达后会获悉知识。"（第928—929段）相反地，那些因为容易受到干扰而找不到各种命题之间关联的人便会曲解真理，取笑严肃的科学研究者。他们在嘲笑严肃的科学研究者时所使用的风趣的表达会设定一种关系，这种关系粗看没啥问题，细究则会发现是错误的。

厘清以上语境之后我们便会发现，维科接下来开始讨论喜剧和反讽是为了委婉劝告大家对哲学家的观点不加质疑地全盘接受。因为如果某人质疑哲学家的观点就意味着他是思想低下的平庸大众的一分子，是一个从低端景观中获得快感的人。一个人是否是科学研究者取决于他是否有能力找到隐藏在万物中的真理，如果他没法找到这种关联，那么他不仅不是一个科学研究者，而且也不具备理性。除此之外，维科没有预留其他选项，这其实是他针对那位批评他的人所进行的报复！

维科的焦虑可以理解，他所维护的不仅是他自己的哲学，也是普遍意义上的哲学。喜剧或反讽这个强有力的同类威胁着哲学的肌理，随时会使思想进入狂乱状态，"他们会使理智的头脑变得不理智，让理性思考消解在笑声之中。"（第 932 段）

克罗齐对这一点了然于心，所以他在讨论维科的《闲聊创新、诙谐及嘲笑》这篇文章中涉及喜剧部分时闭口不提文中讨论哲学的第一部分内容。他否认喜剧的美学身份，将其仅仅看作猎奇心的一种产物。至于克罗齐是否赞同维科在该文第一部分表达的观点，他在《詹巴蒂斯塔·维科哲学研究》一书中对维科的评论充分回答了这个问题：毫无疑问，同维科一样，他也认为喜剧是非哲学，沉溺于喜剧会阻碍哲学研究，科学研究者们涉足喜剧和反讽仅仅是出于猎奇，而并非将其当作哲学问题。

如此看来，维科和克罗齐的研究都表明，哲学家们无论迟早都不可避免地要面对反讽或喜剧问题，即使目的只是对其加以批评否定。正如《新科学》所阐释的，能够与反讽展开斗争的场域就是哲学寓言，而反讽崩溃的故事与文明的终结碰巧一致。维科同时也提出，一种新文明注定会重新出现，代替终结了的旧文明。这大概也表明，维科很清楚反讽永远不可能被彻底清除。

维科和克罗齐研究反讽的方法完美诠释了哲学解决反讽问题时所应该采取的办法。维科将反讽与动物以及动物般存在联系到一起，将其划分到低级喜剧所在的卑劣领域。而克罗齐将反讽当作一种科学猎奇心的产物，将其划分到怪异科学史之中。两者的解释都是优秀的哲学寓言，在减少反讽所带来的负面影响的同时给智者提供了"得体的寓言"所应该提供的"神圣"快感。这种快感来自于明白反讽或喜剧并非哲学家需要讨论的问题，哲学家的专心致志和严肃严谨足以保证他认为真实的东西事实上是真实的，这就是著名的维科公理：凭事实认识真理。

但是，正如以上讨论所表明的，情况往往并非如此，克罗齐对维科的解读，或者说一个严肃的科学研究者对另一个严肃的科学研究者的寓言所做的解读明确显示情况并非如此。维科所做努力的不但不是克罗齐所宣称的那样，而且，维科所做的努力其实恰好和克罗齐对维科的哲学文本所做的各种解读相同。毕竟，克罗齐是维科心目中的智者的完美代表。他对维科文本所做的误读是明显的，因为他所采用的解读方法是构成哲学寓言的必要元素。